本书受教育部"高校思想政治工作中青年骨干队伍建设项目"资助

Internet Etiquette for College Students

大学生
网络素养教育

林立涛 等 ———— 著

上海交通大学 出版社

SHANGHAI JIAO TONG UNIVERSITY PRESS

内容提要

本书作为大学生网络素养教育相关课程的辅导读物,以大学生为研究对象,通过辨析思想政治工作与网络素养教育的关系,网络素养教育的发展与演变、现状与问题,探讨大学生网络素养教育的内涵、构成、目标、基本规律、影响要素及效果评价等内容,提出大学生网络素养教育的实施策略和路径,并以案例设计的形式进行研究和探索,提出构建大学生网络素养教育的长效评价机制。本书兼具理论性与实践性、学术性与实用性,可供高校思想政治工作者尤其是网络素养教育工作者参考阅读。

图书在版编目(CIP)数据

大学生网络素养教育/ 林立涛等著. —上海:上海交通大学出版社,2023.4
ISBN 978 - 7 - 313 - 26400 - 8

Ⅰ. ①大… Ⅱ. ①林… Ⅲ. ①大学生-计算机网络-素质教育-研究 Ⅳ. ①TP393

中国国家版本馆 CIP 数据核字(2023)第 030226 号

大学生网络素养教育
DAXUESHENG WANGLUO SUYANG JIAOYU

著　　者:林立涛 等
出版发行:上海交通大学出版社　　　　　　　　地　　址:上海市番禺路 951 号
邮政编码:200030　　　　　　　　　　　　　　　电　　话:021 - 64071208
印　　制:上海颛辉印刷厂有限公司　　　　　　经　　销:全国新华书店
开　　本:710 mm×1000 mm　1/16　　　　　　印　　张:11.75
字　　数:168 千字
版　　次:2023 年 4 月第 1 版　　　　　　　　印　　次:2023 年 4 月第 1 次印刷
书　　号:ISBN 978 - 7 - 313 - 26400 - 8
定　　价:69.00 元

前言
FOREWORD

党的十八大以来,以习近平同志为核心的党中央高度重视高校思想政治工作,强调高校思想政治工作关系高校培养什么人、如何培养人以及为谁培养人这个根本问题,要求要运用新媒体新技术使工作活起来,推动思想政治工作传统优势同信息技术高度融合,增强时代感和吸引力。互联网是信息时代最具发展活力的领域,也是高校思想政治工作面临的最大变量。

在信息化快速发展的今天,大学生网络素养教育意义重大。新时代大学生是伴随着互联网的发展而成长起来的一代,他们热衷于在网络上查找资料、分享信息以及开展相关活动,他们也更愿意在网络上沟通想法,乐于接受"键对键"的交流方式,无人不"网"、无日不"网"、无处不"网"是他们生活的真实写照。大学生思想较为活跃,容易受互联网影响,也更容易影响其他青年网民。为此,加强新时代大学生网络素养教育,既是推动互联网时代大学生全面健康成长的必然要求,也是加强网络空间治理、提升网络社会整体水平的重要举措。

谁赢得了青年,谁就赢得了未来;谁赢得了互联网,谁就赢得了青年。要培养担当民族复兴大任的时代新人,必然要加强对互联网及其规律的认知和把握,加强网络思想政治工作。大学生网络素养教育是指提升大学生网络素养的教育,是网络思想政治工作的重要内容。大学阶段是人的世界观、人生观、价值观形成的重要时期,人的心理、生理、思想日趋成熟。大学生既是对网络高度认可的群体,也是深受网络影响的群体。毫无疑问,网络为当代大学生的生活和健康成长创造了许多有利的条件。与此同时,也存在"网络沉迷""网络借贷""网络诈骗"等不良现象,大学生网络素养教育正日益成为高等教育领域关注的热点话题。

习近平总书记强调,青年的价值取向决定了未来整个社会的价值取向。如何培育和提升大学生网络素养,有效引导大学生依法、正确、合理、科学地利用网络,是摆在高校教育工作者面前的一个迫切而重要的课题。新形势下,作为大学生思想政治工作的重要内容,网络素养的概念还有待进一步厘清,大学生网络素养的核心构成有待进一步阐释,网络素养教育的目标有待进一步明确,网络素养教育的基本规律及效果评价有待进一步优化,网络素养教育的路径与方法有待进一步改进。据此,本书以大学生为对象,对网络素养教育的内涵和路径进行研究和探索,以期对大学生网络素养教育提供参考借鉴。

目录
CONTENTS

第 1 章

思想政治工作与网络素养教育

新时代大学生思想政治教育的主要目标是为国家培养能担当民族复兴大任的人才。网络素养教育是其中重要的组成部分。让青年大学生在网络时代中健康成长,并培育积极的社会责任感的前提,就是让大学生具备驾驭网络的素质和能力,学会与网络和谐相处,善于从网络中汲取正能量。

1.1　思想政治工作视域下网络素养教育的重要性

伴随"互联网+"时代迅猛发展而成长起来的新时代大学生,被称为网络世界的"原住民"。网络对于大学生而言是"与生俱来"的工具,他们的日常学习、生活的种种需要大多都可以通过网络得到满足。2019 年,中国青年网校园通讯社围绕手机上网话题,对全国 1 220 名大学生进行问卷调查。调研结果显示:超四成学生每天上网超过 5 小时,超八成学生上网主要是进行社交聊天,多数学生认为手机上网让移动支付、信息获取、社交活动更便捷,多数学生期待 5G 的网速能够更快、更便于学习和生活。可以说,网络贯穿于大学生生活的各个部分,影响着大学生的行为方式、行为习惯和行为规律,对大学生的世界观、人生观、价值观产生积极或消极作用。因此,基于思想政治工作视域研究大学生网络素养教育是"互联网+"时代的现实需要。加强网络素养教育是培育大学生综合素养的题中应有之义,是大学生思想政治教育工作的重要内容,能够更好地促进新时代大学生的全面发展。目前,大学生网络素养教育正日益成为高等教育领域关注的热点,其中产生的一些现象和问题尤其需要重视并进一步研究。

1.1.1　网络意识形态安全面临考验

随着信息技术的不断发展,网络意识形态安全对于一个国家的意义越来越突出,是国家利益的重要体现。由于网络社会庞杂浩瀚,网络信息鱼龙混杂,各种社会思潮、利益在此交锋碰撞,而西方发达国家则不断地利用自身在互联网方面的主导优势,通过信息网络向我国传输其意识形态、价值观念,在网上不断抢夺人心、抢夺下一代,导致我国的主流意识形态话语权和领导力容易受到冲击。有研究认为,近年来部分高校学生政治冷漠化、娱乐化问题突出,意识形态话题对高校学生的吸引力降低。实际上,由于网络意识形态与社会热点事件的相互交织,一定程度上热点事件的热度会淡化意识形态色彩,从而使意识形态类话题看起来有所减少,但相关网络热点一旦出现,总能吸引高校学生参与讨论,且学生容易受到错误思潮、虚假信息、低俗文化的影响①。

1.1.2   大学生网络违法行为时有发生

网络引发了各个领域的应用革命,创造了新的生活和工作模式。与此同时,利用网络从事违法犯罪活动的案件数量逐年增加。其中,大学生参与网络违法行为的情况也越来越多地进入我们的视野,这也给高校思想政治工作敲响了警钟。一般而言,大学生网络违法有内外两个方面的原因:内在原因主要是大学生对新生事物比较敏感、易于接受,相对于网络的快速发展,其自身思想准备不足,缺乏对网络世界的有效认知,加之自身的猎奇心理都会促使其不知不觉地碰触底线;外在原因主要是随着市场经济的发展和网络信息的不断更新,各种文化交流碰撞,各种思潮借助网络传播,浩瀚的信息给网络监管带来了极大的困难,而高校的网络法制教育往往存在不及时甚至缺位的问题。

1.1.3   大学生网络防范能力有待提升

大学环境相对于社会较为简单,大学生普遍涉世未深,缺乏社会阅历,虽普遍具有一定的网络安全意识,但网络防范能力不强,对潜在危险的辨识

---

① 叶定剑.当代大学生网络素养核心构成及教育路径探究[J].思想教育研究,2017(1):97-100.

能力较弱,相对容易上当受骗。例如,部分不良网络借贷平台采取虚假宣传的方式、降低贷款门槛、隐瞒实际资费标准等手段,诱导学生过度消费,甚至使学生陷入"高利贷"陷阱。近些年针对大学生的电信诈骗也层出不穷,造成大学生的财产蒙受损失甚至引发恶性事件。

1.1.4　消极的网络亚文化对大学生的影响需警惕

相对于网络主流文化,以大学生为主体的网民愈发青睐通过网络展现个性、表现自我,这些表现形式逐步演变成网络亚文化。网络亚文化具有边缘性、时尚性、颠覆性、批判性等特点,往往会影响甚至重塑人们的思维观念。积极的网络亚文化能够被网络主流文化所接纳,成为网络主流文化的重要组成部分。而诸如"丧文化"等消极的网络亚文化容易对人们产生不良影响,特别是对大学生的身心健康危害更大。长期受到消极的网络亚文化的影响,可能导致少数大学生产生颓废心态,进而使大学生在虚拟交往中产生信任危机。一些"污名化"的流行话语大行其道,滋生网络语言暴力,消解主流话语影响力,逐渐影响受众的价值观。

1.1.5　大学生网络信息辨别能力亟待加强

当前网络信息具有传播速度快、渠道多样化、监控难度大等特点,这就导致一些虚假信息在一定时间和范围内可能会被快速传播和扩散,从而产生不良影响。部分大学生对不良信息的辨别能力不强,容易误信误传,不仅虚耗自己的情绪和精力,还不自觉地为不良信息传播起到了推波助澜的作用。因此,我们不仅需要营造好的网络社会生态环境,而且需要加快完善法律法规、政策规章,还需要同步提升大学生自身的网络信息辨别能力。

1.2　网络素养概念的渊源与发展

随着互联网技术的迅猛发展,网络逐渐深入人们生活和工作的各个方面。在网络不断发展的过程中,我们的社会关系、社会角色和社会参与形式都在不断变化。那么,网络素养的概念是如何产生与发展的呢?

长期以来,人类都在不断改进认识和描绘所处世界的方式与媒介,从中国古代的甲骨、竹简到录音磁带、电影胶片,从电报、传真到报纸、杂志,再到我们现在的互联网时代,人们通过媒介向大众传播消息或影响大众的意见,并进行信息传播和信息存储。媒介理论家马歇尔·麦克卢汉(Marshall McLuhan)认为,传播媒介是社会发展的基本动力。当一种新的媒介产生或者媒介形态发生改变时,往往会导致新的社会关系的形成,进而影响整个社会和文明的发展。网络是现代社会传播中最重要的媒介之一。在了解网络素养发展前,我们先要了解媒介素养的历史渊源和发展。

1933年,英国学者利维斯(F. R. Leavis)与其学生丹尼斯·桑普森(Denys Thompson)出版了《文化和环境:培养批判意识》(*Culture and Environment: The Training of Critical Awareness*)一书。该书首次使用了"媒介素养"的概念。媒介素养即以保持本国文化传统、语言、价值观和民族精神的纯正和健康为出发点。此书将媒介素养教育的目的归结为"甄辨与抵制",即通过媒介素养教育来防范大众传媒的错误影响和腐蚀[1]。利维斯和桑普森认为学校应当将媒介素养教育纳入教学内容中,从而提高学生的甄辨能力。在当时的英国,媒介素养教育以"文化保护"作为发展和研究的中心。

随着电视技术的发展,20世纪60年代末,加拿大开设了影视教育课程,通过课程来引导和帮助学生们正确且有效地使用影视语言。到了20世纪80年代初期,随着美国电视等媒体的跨境传播,加拿大注意到了美国媒介文化信息的渗透对本国文化信息传播的影响。于是,在1987年安大略省将影视教育扩展为媒介教育,并将其作为必修课程纳入学校教学中。在加拿大的媒介素养教育中,主要以"理解和运用大众媒体"为教育主线,让学生知晓和理解媒介如何传播、如何运用,以提高学生对于媒介信息的理解力和

---

① 侯琳.我国大众传媒建构的"拟态环境"研究[J].新闻研究导刊,2016,7(3):44.

鉴别力①。

第二次世界大战后,当时的澳大利亚联邦政府鼓励欧洲人移居澳大利亚,于是在 1948 年至 1953 年间,有 50 余万人移民进入澳大利亚。随着不同文化群体的涌入,澳大利亚的本土文化和意识形态受到了巨大的冲击。20 世纪 70 年代,澳大利亚开始为低年级学生开设媒介教育相关课程及教育活动,并开展了"媒介启蒙"计划。澳大利亚的媒介素养教育同样以"文本解读"的方式为主,让学生知晓媒介之间的相互作用及意义,促进文化之间的相互融合。

1978 年,美国教育部举办全美"电视、书本与教室"研讨会。此次会议指出了媒介素养教育的重要性,并在教育方式方法上借鉴了前述国家的经验,在培养目标上,美国以培养学生"解构"(deconstruct)能力为主,让学生对媒体的信息等内容进行深入分析,使其具有批判意识②。

20 世纪 90 年代至 21 世纪初,欧洲部分国家及亚洲的日本、韩国等国家也逐渐将媒介素养教育纳入本国的教育体系之中。一路发展至今,可以看到媒介素养教育受到了越来越多的关注和重视。

我国的媒介素养教育从 20 世纪 90 年代开始发展,一些学者也陆续提出了媒介素养教育的重要性及意义。1997 年,卜卫在其《论媒介教育的意义、内容和方法》的研究中,对国外媒介教育的概念和发展进行了梳理,在对媒介教育意义的论述中提到媒介教育的重要目标之一是帮助受众形成对媒介性质和功能的正确认识,通过对国外媒介教育内容、方法和途径的梳理,总结出我国的媒介教育实施还有很长的路要走,由此提出了我国发展媒介教育的重要性和意义③。张志安、沈国麟在《媒介素养:一个亟待重视的全民教育课题——对中国大陆媒介素养研究的回顾和简评》的文章中提到,媒

① 张艳秋.加拿大媒介素养教育透析[J].现代传播,2004(3):90-92.
② 赵爽.大众传媒与对青年受众的教育引导[D].哈尔滨:哈尔滨工程大学,2004.
③ 卜卫.论媒介教育的意义、内容和方法[J].现代传播,1997(1):29-33.

介素养是一种人们对信息解读、判读,从而更好地使用媒介信息的能力①。而媒介素养教育,便是要让学生通过对媒介传播方式、途径等内容的理解,能够更辩证地看待媒介所传播的信息,使得学生可以更好地利用健康的媒介信息去完善、提升自我。

网络素养来源于媒介素养,网络素养也是媒介素养的组成部分。"网络素养"一词最早出现于 1994 年,其概念由美国学者麦克库劳(C. R. McClure)首次给出明确界定。他使用"网络素养"(network literacy)的概念来描述个人"识别、访问并使用网络中的电子信息的能力",这一能力可以划分为技术层面和知识层面,它在很大程度上改变了人们的生活和工作方式。相对于媒介素养,网络素养所指范围要更明确一些,即合理使用和有效利用网络的能力。1995 年,美国加利福尼亚州立大学认为网络素养是图书馆素养、计算机素养、媒介素养、技术素养、伦理学、批判性思维和交流技能的融合,是广义的网络素养。2010 年,美国大学与图书馆协会认为信息素养包含网络素养,即使用电脑、软件应用、数据库以及其他技术等来实现与工作和学术相关目标的能力,属于狭义的网络素养。此外,还有学者提出网络素养是指在网络环境中人们所必须具备的信息素养,也就是有效地使用网络信息并进行信息创造的能力②。

1.3　网络素养教育的内涵与要求

2018 年 2 月,教育部办公厅印发了《2018 年教育信息化和网络安全工作要点》,其中提到要研制《大学生网络素养指南》,引导大学生养成文明的网络生活方式。当前,家庭、社会和政府对于大学生网络素养问题的关注与重视与日俱增,大数据、人工智能、5G 技术的应用和发展也日新月异,大学

---

① 张志安,沈国麟.媒介素养:一个亟待重视的全民教育课题——对中国大陆媒介研究的回顾和简评[J].新闻记者,2004(5):11-13.
② 王伟军,王玮,郝新秀,等.网络时代的核心素养:从信息素养到网络素养[J].图书与情报,2020(4):45-55,78.

生网络素养的内涵、评价方式和教育的目标、要求、内容必然要不断发展。在探索大学生网络素养提升路径之前,首先需要明晰网络素养教育的内涵与要求。概括而言,大学生的网络素养可以归纳为大学生正确地、积极地利用网络资源的能力,主要包括较强的网络安全意识、较高的网络技术水平、良好的网络守法自律习惯、高尚的网络道德情操以及引领大家共同参与网络建设的能力等内容。

1.3.1　较强的网络安全意识是核心

科学有效地运用网络的基本前提是保持安全的状态,一方面是自己不会因为使用网络而受到伤害,另一方面也不因为自己使用网络而伤害到他人或公共利益,因此网络素养的核心要素是要有较强的网络安全意识。工业和信息化部电子科学技术情报研究所承制的《我国公众网络安全意识调查报告(2015)》显示,当前我国公众网络安全意识不强,网络安全知识和技能亟须提升,特别是青少年网络安全基础技能、网络应用安全等意识亟待加强[1]。大学生网络安全意识包括意识形态安全意识、个人信息安全意识、网络技术安全意识等内容,涉及大学生网络学习、网络社交、网络购物、网络娱乐等方面[2]。理念决定行动,大学生只有具有较强的网络安全意识,才能做到心有所念、行有所止,在使用网络的过程中才会保持应有的严谨和敏锐。

1.3.2　较高的网络技术水平是基础

一方面,网络将高校、研究机构、图书馆等信息资源联动起来,极大地促进了既有知识的集聚和共享;另一方面,网络也使在线学习的方式更加丰富和便捷,因此可以说网络使自主学习成为潮流和趋势。大学生可根据自己的需要和兴趣选择学习内容、学习形式,根据自己的能力和水平确定学习进度,学习不再被时间、空间等条件所限制。但这对大学生网络技术水平提出

---

① 叶穗冰."互联网+"背景下的大学生信息安全意识教育[J].当代青年研究,2018(4):23-28.
② 蔡静、鲍丽娟."互联网+共青团"工作模式下的高校大学生网络素养培育路径研究:以合肥工业大学为例[J].合肥工业大学学报(社会科学版),2018,32(2):120-125.

了更高的要求,需要大学生跟得上信息时代的发展,既要能熟练掌握必要的教学、学习、阅读、生活服务等软件和应用,也要对支持网络运行的硬件知识有所了解,更要学习掌握网络安全方面的必备技术知识,能甄别网络木马等病毒,较好地保护个人的网络信息安全①。

1.3.3 良好的守法自律习惯是关键

第 50 次《中国互联网络发展状况统计报告》②显示,截至 2022 年 6 月,我国已有 10.51 亿网民和庞大的网络系统,是一个不折不扣的网络大国。网络空间已经成为人们学习、工作、生活、娱乐的现实空间的重要延伸,人们的个人权益也由网下延伸到网上。互联网不是法外之地,规则意识、法律意识至关重要,大学生必须认真学习网络法律知识,自觉遵守网络相关法律及管理条例,做到知法、懂法、守法。为此,大学生在日常上网过程中,必须绷紧法律之弦,尤其要注意,不得借助网络参与反动和极端宗教活动,不得依托网络散布恐怖、色情材料等非法物品,更不能利用网络实施欺诈勒索及人身攻击等行为。

1.3.4 高尚的网络道德情操是根本

网络道德情操是网民的社会关系和共同利益的反映,是个人在网络空间应遵守的道德准则,更是一种普遍的网络行为规范。网络空间的建设需要用法律去惩治网络违法行为,更需要网民们自觉形成一定的道德约束。青年是网民的主流群体,大学生是青年人中的重要代表,大学生网民的道德情操对一代人的网络道德情操都有着深远的影响。高尚的网络道德情操需要大学生自觉抵制网络色情暴力等负面信息,在网络交往中彼此真诚相待,不欺诈、不作假;能够冷静面对网络不良诱惑;能够筛选网络信息,做到不信谣、不传谣;能够积极主动发声,在网络空间凝聚正能量。

---

① 叶定剑.当代大学生网络素养核心构成及教育路径探究[J].思想教育研究,2017(1):97-100.
② 中国互联网信息中心.第 50 次《中国互联网络发展状况统计报告》[EB/OL].(2022-09-14)[2022-09-20]. http://www.cnnic.net.cn/n4/2022/0914/c88-10226.html.

1.3.5　引领大家共同参与网络建设的能力是保障

网络空间已经成为亿万网民共同的精神家园,网络空间建设也需要大家的广泛参与。在网络世界中,存在比较显著的"从众跟随"现象。此外,"沉默的大多数"依然是主流。为此,大学生网民有责任发挥示范带头作用,在网络中引导师生甚至全体网民共同参与,汇聚起强大的合力,营造健康向上的网络生态环境。大学生要善于把握网络语言的特点,用网民易于接受的语言去表达、去凝聚,在"三言两语""网言网语"中表明自己的态度和立场。同时,大学生也应当懂得网络传播的规律,熟悉网络生态,恰到好处地引导其他网民参与网络空间建设①。

1.4　国内外网络素养教育的现状与问题

目前,国内对网络素养教育越来越重视,学界对网络素养和网络素养教育的研究也越来越丰富。2014 年 2 月,习近平总书记在主持召开中央网络安全和信息化领导小组第一次会议时强调:"做好网上舆论工作是一项长期任务,要创新改进网上宣传,运用网络传播规律,弘扬主旋律,激发正能量,大力培育和践行社会主义核心价值观,把握好网上舆论引导的时、度、效,使网络空间清朗起来。"② 2016 年 4 月 19 日,习近平总书记在网络安全和信息化工作座谈会上提道:"得人者兴,失人者崩。"③网络空间的竞争,归根结底是人才竞争。建设网络强国,没有一支优秀的人才队伍,没有人才创造力迸发、活力涌流,是难以成功的。只有念好了人才经,才能事半功倍。在互联网快速发展、各种文化思潮不断涌入等情形之下,开展好学生尤其是青年大

---

① 叶定剑.当代大学生网络素养核心构成及教育路径探究[J].思想教育研究,2017(1): 97 - 100.

② 习近平:创新改进网上宣传　把握网上舆论引导的时度效[EB/OL].(2014-02-28)[2022-09-20]. http://www.cac.gov.cn/2014-02/28/c_126205895.htm.

③ 得人者兴,失人者崩[EB/OL].(2016-09-12)[2022-09-20]. http://www.cac.gov.cn/ 2016-09/12/c_1119553126.htm?from=timeline.

学生网络素养教育越发重要。

国外网络素养教育实践开展时间较早,英国、美国、新加坡等国家的网络素养教育体系已经非常完善,网络素养教育不仅被纳入这些国家中小学义务教育课程体系,还被列入政府媒体监管机构的职责范畴,更成为公益组织的帮扶新领域。下面将依次介绍英国、美国和新加坡网络素养教育的开展情况。

英国作为网络素养教育开展最早的国家之一,其教育主体由政府、社会组织以及学校三方面组成。英国的网络素养教育覆盖了学生从幼儿园到大学的每一个阶段,学生的中学阶段更是网络素养教育的重心,教育内容穿插在艺术、历史、健康等课程之中。虽然英国没有统一的网络素养教育教材,但学生的每一个学习阶段学校都需要按照英国政府颁定的课程标准去开展相应的教学活动,并根据不同年级的学生的认知特点对各学段教学内容进行区分。除此之外,英国的网络素养教育还很注重各学段教学内容之间的衔接,并以"文化"为核心,把"是谁""做了什么""为什么这样去做""这样做可以得到什么"等内容作为网络素养教育的内涵。在教师培训方面,英国政府与相关学术单位等共同策划、组织各类网络素养教育的培训及进修,所以教师可选择的培训和进修机会及平台较多。这使得英国网络素养教育的推广和实践逐渐完善。

在美国,青少年媒介素养教育更是通过立法程序写入法律中,在有些州,教师需要接受媒介素养教育方面的认证培训[①]。美国媒介素养联盟(The National Association for Media Literacy Education)认为素养教育需要涵盖所有形式的媒体,需要覆盖所有年龄段的民众,应该鼓励青年人培养自身积极探索及批判性思考的素养能力。网络素养教育的重点任务不仅仅是对概念的解释,更要教会学生如何更加理性地思考,如何在评价、分析网络信息等事物时进行批判性思考。

---

① 姚争.数字环境下媒介素养教育研究的历史坐标和时代使命[J].中国广播电视学刊,2020(9):4-7,45.

新加坡重视民众的网络素养管理和教育,对网络进行轻触式管理,通过行业自律、加强民众网络素养教育及增强民众网络安全意识,"三管齐下"地对网络进行治理[1]。同样,新加坡为了加强网络素养教育,在中小学也设置了媒介素养相关的课程。2010 年,新加坡教育部公布了"21 世纪素养与学生学习成果框架图"(见图 1-1),以核心价值为中心,第二圈包含了"自我意识、自我管理、自我决策、社会意识和人际关系管理"五个维度;第三圈是交流、合作与信息素养,公民素养、全球意识、跨文化素养,批判性与创新性思维。

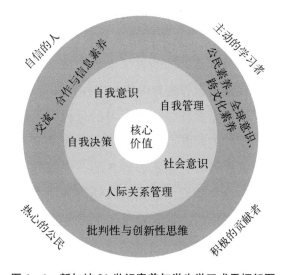

图 1-1　新加坡 21 世纪素养与学生学习成果框架图

资料来源:师曼,周平艳,陈有义,等.新加坡 21 世纪
素养教育的学校实践[J].人民教育,2016(20):68-74.

正如前文所述,网络素养教育在多个国家和地区已经发展了很多年,各国和地区也探索出了各自的教育方式方法。在我国港台地区,网络素养教育的核心力量来源于非营利教育协会或基金会,最终落实在以"政府—机构—社会团体和学校"合作推动的模式中。当下,我国大陆地区关于网络素养的研究主要集中在高校,前期以梳理和总结国外网络素养教育的经验为

---

① 耿益群.新加坡网络舆情治理特色:重视提升民众的网络素养[J].中国广播电视学刊,2020
(9):30-33.

主,网络素养教育的重要性逐步被提出。在已有的研究中,"网络素养"一词主要来源于媒介素养。随着青年一代尤其是"网络原住民"踏入大学,大学生网络素养教育与思想政治教育工作如何更好地结合也逐渐被提及。

综上所述,我们的网络素养教育还面临着诸多困难及挑战。首先,对于网络素养教育的重视及相关政策的制定还需要加强。我们可以看到网络素养教育在其他国家和地区几乎都由政府、社会、学校等多方合作开展,这样"多管齐下"才能更好地将网络素养教育融入学生在学期间的每一个阶段,给学生带来潜移默化的影响。其次,网络素养教育资源的丰富度和教育专业化程度需要不断提升。对于从事网络素养教育授课的教师,应给予一定的培训和经费支持,通过提高教师的教学水平来带动大学生网络素养的提升。再次,我们要重视网络素养教育内容的多样性和连贯性,不只是单纯地告诉学生"不能怎样",而是要让学生在学习的过程中了解事物发展的本质和规律,帮助其获得更好的判断力、更强的明辨力和更理性地看待信息问题的能力。最后,网络素养教育只是素养教育的一个部分、一个阶段,从更长远的角度来看,我们应该在教育的起始阶段便将各项素养教育融入学生的学习中,这样才能根本性地解决素养教育存在的问题。

第 2 章
网络素养的核心构成

要有效地开展大学生网络素养教育,就必须厘清大学生网络素养的核心构成。第 1 章提到大学生的网络素养是指大学生正确地、积极地利用网络资源的能力。而这些能力具体包括哪些内容将在本章进一步探讨。

2.1 网络素养的内涵

麦克·库劳在1994 年提出网络素养的概念后,网络素养教育便受到了国内外的广泛关注。随着网络技术的不断发展以及网络普及程度的提高,网络素养的内涵也逐渐从单一的技术能力层面发展到多维度的综合能力层面。

根据中国互联网信息中心(CNNIC)发布的第 50 次《中国互联网络发展状况统计报告》显示,截至 2022 年 6 月,我国网民规模为 10.51 亿,互联网普及率为 74.4%。随着互联网的进一步普及,网络综合治理面临严峻的形势。网络信息纷繁复杂,虽然有关部门通过“清朗”系列专项行动,重拳整治网络违法违规问题,在全网开展“大扫除”,但依然有大量不良信息除之弥生,虚假信息与真实信息互相缠绕,主流意识形态与境外价值观念互相博弈。当代大学生作为“网络原住民”,无人不“网”、无日不“网”、无处不“网”。部分大学生由于缺乏信息甄别能力与社会经验,容易受到互联网负面信息的侵蚀。加强大学生的网络素养教育,是高校开展立德树人根本任务的重要内容。基于此,不少学者开展了大学生网络素养的相关研究。胡余波等认为网络素养是指个体借助互联网工具解决复杂问题的能力,具体包含网络认知与评价、网络批判意识、网络行为管理、网络自我发展、网络安全与道德等五个方面[1]。贝静

---

[1] 胡余波,潘中祥,范俊强.新时期大学生网络素养存在的问题与对策:基于浙江省部分高校的调查研究[J].高等教育研究,2018,39(5):96-100.

红认为网络素养包括对网络媒介的认知、对网络信息的批判反应、对网络接触行为的自我管理、利用网络发展自我的意识,以及网络安全意识和网络道德素养等方面①。此外,刘树琪将大学生网络素养分为网络认知能力、网络安全意识、网络信息获取能力、网络信息评价能力和网络道德等五个维度②。综合来看,我们提出,大学生网络素养的内涵具体包括网络信息甄别能力、网络技术应用水平、网络使用行为习惯、网络道德水平、网络引导能级等五个方面。

2.2 网络信息甄别能力

随着媒体与社交方式的不断发展,海量的信息充斥网络,有的信息真假难辨、质量良莠不齐。如何搜寻、甄别、利用有效信息,成为当代大学生共同的问题。不良网络信息容易对大学生的社会认知和价值理念造成负面影响,增强大学生的网络信息甄别能力,让大学生利用好网络信息健康成长,是提升大学生网络素养的重要内容。

2.2.1 网络信息甄别能力的概念

甄别即根据不同事物的特点在认识上加以区分。网络信息甄别是在网络信息洪流背景下对信息开展的有效辨别。网络信息甄别能力指的是人们对网络信息能够在事实上和价值上进行解读和批判的能力,主要包含四个方面:甄别信息来源的能力、将多方信息进行比对的能力、甄别虚假信息的能力以及形成合理判断的能力。当代大学生几乎都属于"网民"群体,网络空间是一所"看不见的学校",对大学生的世界观、人生观和价值观会产生重大影响。近年来,我国大学生网络信息甄别能力持续受到社会各界的广泛关注。大学生遭遇网络诈骗的案件层出不穷,部分大学生对于网络空间的

---

① 贝静红.大学生网络素养实证研究[J].中国青年研究,2006(2):17-21.
② 刘树琪.大学生网络素养现状分析及培育途径探讨[J].学校党建与思想教育,2016(1):57-58,72.

信息过度依赖，对于网络信息不加验证地采信。大学生选择、理解、评价、质疑网络信息的能力，不仅直接关系到自身人格的健全发展，而且影响着社会舆论走向以及社会和校园环境的稳定。因此，大学生的网络信息甄别能力具体包含哪些部分成了不少学者研究的方向。有学者认为大学生网络信息甄别能力不仅包括能否获取、选择和评析各种网络信息的技能，还应包括对网络信息传播以及传播后对社会各个层面会造成何种影响的基本判断的能力。也有学者认为大学生网络信息甄别能力可以分为两个部分：一是"辨真的习惯"，即个体对网络信息是否始终秉持独立的质疑精神和甄别意识；二是"辨真的能力"，即个体对如何甄别网络信息的真假，对信息考证的基本方法、技能或渠道的掌握程度①。为此，我们将大学生网络信息甄别能力归纳为大学生对网络信息的筛选、质疑和求证的习惯及能力，具体包含信息筛选、信息溯源和信息求证三个层次。

2.2.2　大学生网络信息甄别能力的层级特征

1）第一层级：信息筛选的能力

网络信息常常鱼龙混杂，且存在大量雷同、夸大和错误的内容。要获取真实有效的信息，大学生需要对大量的信息进行筛选，对无用和不良信息进行过滤。信息筛选能力即选取有用、可靠信息的能力，是一种对信息进行初步判断的能力。就像在图书馆里找书一样，能在书海中找出自己需要的那些书，但哪本书里面有自己想找的知识点还需要进一步细化查找。信息筛选能力越强的大学生面对信息同质化压力时，能更好地筛选和分析庞杂的信息，为自己获取有效信息"减负"，从而更好地甄别信息。

2）第二层级：信息溯源的能力

网络信息从大类上来看，主要有三类：知识性信息、新闻性信息、服务性信息。其中，服务性信息包含的内容更为广泛一些。由于新媒体环境的

---

① 张帆，彭宗祥.研究生网络围观参与特征及引导对策研究[J].东华大学学报（社会科学版），2014
　（4）：204-208.

开放性和信息来源的多元化,明确网络信息的来源就成为鉴别信息真实度的重要手段。知识性信息的溯源相对而言比较容易,各类专业机构以及数据库公开发布或出版的内容都有较高的权威性,而很难明确出处的所谓的发现发明,建议还是要谨慎对待。新闻性信息的溯源相对复杂,一般情况下,官方及主流媒体的信息来源相对真实可靠,其内容监管也较为严格,信息可信度及权威性较高。当然,现实的情况是,不少初始信息的源头来自个人,官方及主流媒体对此进行二次整理和再发布,这一定程度上起到了信息确认和矫正的作用。而那些缺乏官方及主流媒体跟进确认的信息,则必须进行进一步的求证。服务性信息的溯源主要看发布者是否具备提供相关服务的合法资质,同时可以参考发布者在受众群体以及行业内的口碑。信息溯源能力是避免被失真信息误导的一种能力,能将接收到的信息与最开始传播的信息进行对比,判断其真实性。

3) 第三层级:信息求证的能力

信息传播的速度大大快于求证辨真的速度。前一刻言之凿凿的信息下一刻就被颠覆的情况并不鲜见,同时信息来源的多元化,也会导致很多信息的溯源难以进行。这就需要我们对信息内容的真实性进行进一步的验证。验证信息的有效方法主要包括实地走访、咨询相关人员、查询相关机构的背景信息以及搜索权威信源是否已发布过类似信息等。信息求证的能力包含了质疑能力和多方对比求证的能力,是一种综合能力。我们可以通过不同的辅助渠道,判断信息的真伪。

2.2.3　大学生网络信息甄别能力的影响因素

影响大学生信息甄别能力的因素主要包括内部和外部两个方面。

1) 内部因素

内部因素包含自我认知与个人经验。大学生基于自我认知对信息做出最直接的判断,不可避免地会根据个人喜好对信息进行筛选,会偏向于接受自己愿意接受或者更感兴趣的内容,这往往造成"信息茧房"的产生。个人经验则是源于生活经历和积累,形成在具体生活情境中及时做出相应决策的思维模式和习惯。在认知水平不足的情况下,大学生会通过自身的直接经验或者间接经验来判断网络信息的虚实。当相关信息与大学生自身的经验或长久形成的习惯相符时,他们就会对其给予认可;反之,若相关信息与自身既有习惯发生冲突,则会给予否定。

2) 外部因素

外部因素包含教育因素、媒体因素与社会因素。大学生对信息的甄别能力在很大程度上受到自身教育经历的影响,主要是家庭教育和学校教育。如果大学生在成长过程中接受过网络信息甄别相关的教育,则更容易判断网络信息的真假,具备更强的网络信息甄别能力。就媒体因素来说,当前传统媒体和自媒体竞相发展,信息传播呈现出多样化的态势,"人人都是通讯社,个个都有麦克风"成为常态,巨量信息涌入人们的日常生活。对于大学生而言,信息过载问题会增加他们甄别信息的难度,如何选择有用、健康的信息成为不少大学生需要面对的问题。社会环境和大众意识会直接影响网络环境,在网络把关严格,网民信息甄别意识高、能力强的环境中,不良信息和虚假信息就容易被发现,可以有效减少虚假信息和不良信息的传播。大学生在健康文明用网的大环境中也会受到感染,自觉提升个人的网络素养。反之,如果全社会对网络空间治理意识薄弱,听之任之,虚假信息和不良信息就会充斥网络,大学生由于缺乏社会经验和辨别力,容易陷入信息沼泽。

2.2.4　大学生网络信息甄别能力的现状

由于自身在社会阅历、认知能力、心理素质等方面尚处于发展期,部分大学生对网络信息的甄别能力、批判能力和免疫能力不足,导致他们在一些情况下无法辨认信息的真假,容易被误导。有不少学者对大学生的网络信息甄别能力进行了研究。李月琳和张帆等学者通过对大学生社交媒体信息甄别能力进行研究,发现大学生在受到科学教育的基础上,如果有一定的社会阅历,则具有较强的信息甄别能力;但长期的应试教育环境使一部分大学生缺乏批判精神和质疑意识,他们不知道应该去甄别真伪,辨真的习惯尚未真正形成①②。杨勇等学者则结合问卷调查法,分析了高职院校学生社会化媒体信息甄别能力的现状,发现高职院校学生对信息来源、信息特征、信息获取的手段有较高的甄别能力③。总体上来看,当代大学生信息甄别呈现出理性精神和批判意识需要进一步提升,信息接收能力较强但辨真能力弱,求知欲强但信息溯源能力弱,好奇心强但信息求证能力弱等特点。

2.3 网络技术应用水平

现代网络技术革命彻底改变了信息传播方式。作为青年一代,大学生热衷于运用网络技术在网络空间查阅资料、传递信息、休闲娱乐,其网络使用频率不断增加,网络已然成为大学生生活中的重要组成部分。对于网络技术的熟练掌握,能够帮助大学生群体提升学习的自主性和便捷性,有效搜集需要的信息,自主选择网络社交工具,屏蔽部分不良网络信息,从而增强自身在网络世界自我保护的能力。提高大学生群体的网络技术应用能力是提升大学生网络素养不可缺少的一部分。

2.3.1 网络技术应用水平的概念

网络技术是通过一定的通信协议,将分布在不同位点的多个独立计算机系统,通过互联通道(即通信线路)连接在一起,从而实现数据和服务共享的计算机技术。它是现代计算机技术和通信技术相结合的产物。网络技术兴起于 20 世纪 90 年代,它把互联网上分散的资源融为有机整体,实现资源的全面共享和有机协作,使人们能够透明地使用资源并按需获取信息,其应用遍及现代社会的各行各业,与人们的日常生活联系紧密。网络技术的应

---

① 李月琳,张秀.大学生社交媒体健康信息甄别能力研究[J].图书情报知识,2018(1):66-77,43.
② 张帆,程旺.高校学生网络理性素养现状及影响因素:基于上海 4 所高校的调研[J].中国青年社会科学,2019,38(4):92-99.
③ 杨勇,杨友清,罗雨舟,等.高职院校学生社会化媒体信息甄别能力调查分析与启示[J].新世纪图书馆,2021(3):32-37.

用既包含网上办公、网购与电子商务等日常生活部分,又包含了网页制作、网络软件开发以及网络安全技术等相对专业化的部分。

在校大学生的网络技术应用水平的评判标准,是随科技进步而向前推进的。在 Web1.0 时代,网络是信息提供者,用户从网络中搜索、阅读和获取信息,网络技术应用水平体现在信息检索方面;在 Web2.0 时代,网络为人与人之间的交流提供了平台,用户在网上获取和处理信息,也可以制造和发布信息,网络技术应用水平则体现在对网络的管理和维护方面;在 Web3.0 时代,网络为用户进行资源筛选和智能匹配,由此涌现出"区块链""5G""人工智能""大数据"等新名词,这一阶段网络技术应用水平更多地体现在网络意图表达及网络设计创新方面。

2.3.2　大学生网络技术应用水平层级划分

大学生的网络技术应用水平各不相同,表现出不同的能力水准,具体而言,可分为网络基本应用能力、网络日常维护能力、网络管理开发能力三个不同层级。通过区分大学生网络技术应用水平的不同层级,可以更好地了解大学生对网络技术的掌握情况,便于有针对性地开展网络素养教育。但对于大学生而言,并非所有人都要追求网络技术水平越高越好,而是要根据自身的发展与实际应用需要来确定应该达到的水平层次。对于普通大学生而言,能熟练掌握网络基本应用,对于网络基本知识有清楚的认识,够用即可。对于网络技术专业或者有相关兴趣的大学生而言,则可学习掌握更高水平的网络技术应用。

1) 第一层级:网络基本应用能力

熟悉并掌握日常生活、工作相关的网络软件,具备检索、处理、生成与创造网络信息的能力。能够熟练掌握搜索引擎、在线学习软件等应用工具,可以轻松完成文件传输、远程网络登录等日常在线学习和办公活动。网络基本应用能力是识网用网的最基础要求。

2) 第二层级:网络日常维护能力

大学生在网络应用的基础上掌握网络技术理论与基本原理,具备网页制作、家庭网络组建与维护等能力,即具备中级网络技术应用水平。网页制作可以将思维方式和设计思路进行网络呈现;小型网络组建是满足日常生活用网的重要技能;网络维护则是及时发现系统漏洞,避免在信息传输过程中发生乱码或丢失问题。

3) 第三层级:网络管理开发能力

掌握专业的网络技术知识,具备复杂网络组建、网络安全防护的能力,即具备高级网络技术应用水平。大型网络的组建可以实现不同设备的互联互通,从而进一步开发网络资源,需要较强的专业素养。除此之外,常有不法分子寻找网络上信息系统中的可攻入点实施信息篡改、信息删除、信息窃取等行为,若具备网络管理开发能力,则可通过开发设计有效的防御系统,可以排除安全隐患、减少网络损失。

2.3.3　大学生网络技术应用水平的影响因素

大学生网络技术应用水平存在差异,主要原因有客观因素与主观因素两方面。

1) 客观因素

客观因素的一个重要方面是环境影响。不同地区的网络建设水平不同,人们上网的条件不同,大学生从小接受的网络信息相关教育的水平也不同。对于一些在欠发达地区成长起来的大学生而言,一方面,由于当地教育资源的匮乏,其接受网络信息教育的程度较城镇发达地区的学生会相对偏低;另一方面,他们可能相对较晚才接触互联网甚至到了大学才开始拥有个人电子设备,他们的网络技术水平相对那些从小就开始使用电脑、手机、平板等设备的学生自然会有差距。此外,大学生学习的专业及由此形成的学科背景,也会在很大程度上影响大学生的网络技术应用水平。理工科的学生相对人文社科专业的学生有更多接触网络技术的机会和相关的知识储备,往往对网络技术的认识也更深入。

2) 主观因素

主观因素则是与大学生个体对网络技术的需求程度有关。部分大学生只是把网络当成娱乐、信息交流的工具,他们对网络技术的应用水平要求不高,以满足日常工作生活的需要为限。而有一部分学生则对网络技术充满好奇心,热衷于研究网络技术,这些大学生或是学习计算机相关专业的,或是痴迷于新兴科技的"技术宅",对他们而言,网络技术中的难点与挑战就是他们追求的目标,他们也有足够多的网络技术知识去攻克这些目标。如何应用这些高端前沿技术则取决于这些学生的选择,教育工作者要注重加强对这部分学生的网络法制、道德教育,引导其正确应用网络技术。

2.3.4　大学生网络技术应用水平的现状

如今网络已成为当代大学生日常生活、学习娱乐的主要场域。大学生"知网、懂网"的比例较高,但在运用网络技术的观念和水平方面,呈现出明显的个性化与差异化的特征。

1) 大学生网络技术应用水平参差不齐

当代大学生是伴随网络发展而成长起来的一代。大部分大学生从小就接触网络,尤其是经过大学计算机通识课程教育的训练,整体上对网络技术的掌握和应用高于一般人群。其中,因为成长经历、兴趣、专业学习等,又有高低之分,有的大学生能熟练掌握高级网络技术,具备高超的网络技术水平,但也有不少大学生对于网络技术的认识仅限于网络购物、网络办公等日常应用,对网络技术的专业术语和相关知识不熟悉,运用网络技术解决问题的能力较弱。全国计算机等级考试(National Computer Rank Examination,以下简称 NCRE)是用于考查应试人员计算机应用知识与技能的全国性计算机水平考试体系,其中也包含对网络安全素质等知识内容的考察,共分四级。NCRE 二级考试在大学生中的报考率仅次于英语四六级考试,二级合格既是一些高校的毕业要求,也是应聘单位要求的基本技能。然而,NCRE 二级考试报考网站的通过率显示,2021 年 MS Office 等一些常用科目合格率均未超过 40%。这也折射出仍有不少大学生对计算机应用知识与技能掌握不到位,其网络技术应用水平仍有较大提升空间。

2) 大学生网络技术运用存在风险隐患

大学生正处于价值观念形成的关键时期,容易受到网络空间不良信息的影响,并且常常存在安全意识和法律意识不高的情况,如果对网络技术运用没有把握好"度",则容易走上歧途。部分大学生通过自己掌握的网络技术实现"翻墙",在外网浏览反动信息或色情、暴力、低俗信息,也有少数大学生为了证明自己的网络技术高,当起了"黑客",稍有不慎,即触法网。此外,大学生犯帮助信息网络犯罪活动罪(简称"帮信罪")的情况也时有发生,为他人实施网络犯罪提供互联网接入、服务器托管、网络存储、通信传输等技术支持,或者提供广告推广、支付结算等帮助。自 2020 年 10 月起,全国范围内开展了以打击、治理、惩戒开办及贩卖电话卡、银行卡违法犯罪团伙为主要内容的"断卡"行动。中国裁判文书网数据显示,自"断卡"行动开展以来,帮助信息网络犯罪活动案件呈井喷式增长,截至 2022 年 1 月,全国法院一审审结在校大学生涉嫌"帮信罪"案件 398 件①。

2.4 网络使用行为习惯

习惯对大学生的学习、生活、处世等方面都会产生不同程度的影响。经验表明,良好的行为习惯是促进大学生保持良好心理生理状态以及构建与他人及社会积极关系的重要基础,并将在大学生成长过程中潜移默化地在多方面发挥重要影响。了解大学生的网络习惯,分析他们的个性与偏好,了解他们的思想行为特点,有助于做到因材施教和开展个性化的思想政治教育,从而帮助大学生养成良好的网络使用行为习惯,远离网络成瘾等不良习惯。

2.4.1 网络使用行为习惯的概念

行为习惯是指个体在一段时间内逐步形成的自动化的行为模式。这种模式具有一定的稳定性,同时也包含思维和情感的内容,一定程度上行为模

---

① 李英锋.北青报:筑牢阻断大学生涉"帮信罪"的防火墙[EB/OL].(2022-04-18)[2022-09-20]. https://www.thepaper.cn/newsDetail_forward_17669041.

式也正是思维模式的反映。网络行为习惯是指人们在使用网络的过程中所形成的行为和思维模式。大学生网络使用行为习惯,是指大学生在网络上实施浏览、搜索、互动、表达等行为的惯常方式。这些方式既有自身的鲜明特点,又受网络环境、个人教育背景、个人使用经历等因素的影响。大学生网络使用行为习惯可分为良好的网络使用行为习惯和不良的网络使用行为习惯。良好的网络使用行为习惯为大学生正确价值观的培养、身心健康的养成和高质量地学习奠定基础;不良的网络使用行为习惯则有违社会公认的行为规范和道德准则等。大学生的网络使用行为习惯具有较强的可塑性,良好的网络使用行为习惯是可以通过后天教育和引导而养成的。

2.4.2　大学生网络使用行为习惯的类型

当代大学生的网络使用习惯与其群体特点以及新型社交媒体的特点密不可分。大学生在信息获取、政治参与、网络社交、网络娱乐、网络购物和在线学习等方面呈现出不一样的特点与规律。

1) 在线信息获取习惯

在线检索是用户使用频率最高的上网行为之一,也是大学生获取知识、信息的重要渠道。网络信息获取主要分为主动借助检索工具搜索信息和被动接受推送信息两大类。① 主动借助检索工具搜索信息。大学生群体根据需要查询不同类别的信息,一般会选择比较知名和权威的搜索引擎,同时会确认搜索引擎的辅助功能是否完善,比如谷歌、百度等。另外,大学生也会通过各类专业的数据库来检索学术信息,包括图书、期刊文章和学位论文等,如知网、施普林格(Springer)等。② 被动接受推送信息。这类信息获取方式主要存在于算法推荐类客户端(APP),如新闻类的今日头条和短视频类的抖音。周葆华选择了五个主要的算法推荐类 APP(今日头条、天天快报、趣头条、抖音、快手),开展了全国抽样调查①。其研究发现,至少使用过

---

① 周葆华.算法推荐类 APP 的使用及其影响:基于全国受众调查的实证分析[J].新闻记者,2019 (12):27-37.

一种算法推荐 APP 的网民逾九成,使用算法推荐类 APP 对公民意见表达及社会参与意愿存在明显的正向影响。但同时,我们也不能忽视算法技术带来的潜在负面影响,包括过分追求热度而忽视价值观;基于兴趣的推荐,可能导致用户获取的信息窄化,进而形成"信息茧房"。

2)网络政治参与习惯

在大数据时代,网络政治参与逐渐成为大学生的主要参政议政方式。大学生网络政治参与的类别主要有网络投票活动、社会热点政治事件评论、网络集体签名、网络募捐和救护活动、与政府互动、网络民意调查、网络维权等。大学生对于表达自己政治看法的途径更倾向于选择第三方平台,比如微信、微博和知乎,选择通过"政府官方网站"和"思想政治教育类网站"表达政治观点的大学生较少。

3)网络社交习惯

近年来,社交媒体的快速迭代深度变革了人与人的交往模式,出现了"工作协调在网上""相亲交友在网上""兴趣圈子在网上""亲友联络在网上"等现象。在网络亚文化的影响下,大学生进行网络社交时喜欢用网络流行语来表达自己的想法。除了使用网络流行语之外,表情包和图片也是大学生在网络社交过程中常用的交流符号,往往出现"图文并茂"的网络交流。网络流行语和表情包的使用已经融入大学生网络交流的日常,是大学生网络社交的一种常见习惯。《2018 中国大学生日常生活及网络习惯调研报告》显示,在新浪微博、腾讯说说、微信朋友圈等社交网络平台上,以 00 后为代表的大学生习惯通过文本、图像或者表情等多种模态数据发表自己的观点或宣泄情绪[1]。

4)在线娱乐习惯

在线娱乐的形式多样,包括网络影音、网络游戏、网络 K 歌、网络猜题等。中国社会科学院财经战略研究院、中国社会科学院旅游研究中心联合发布的《休闲绿皮书:2019～2020 年中国休闲发展报告》指出,移动休闲在我国国民

---

[1] 李伟.消费主义对大学生社会心态的影响及其应对[J].河南社会科学,2021,29(11):10-18.

休闲中越来越重要,通过对受访者的调查发现,在线休闲时间超过 1 小时的人群占比高达 69.1%。大学生因为学习、课程的安排,形成了利用碎片化时间刷短视频、刷微博、玩游戏的习惯,这种碎片化的娱乐习惯存在双面性,既可以帮助大学生缓解疲惫、调剂生活,也可能让大学生沉迷娱乐、虚度时间。

5) 网上购物习惯

2020 年初,阿里巴巴集团公布了截至 2019 年 12 月 31 日的季度业绩。财报显示,中国零售市场移动月活跃用户数达 8.24 亿人次,淘宝直播用户数同比增长了 1 倍,年度活跃消费者数量达 7.11 亿人次,越来越多的人通过线上购买商品。网络购物已经成为大学生生活的重要组成部分。每逢重要的网络促销日,高校学生宿舍门口的快递经常堆积如山,更有不少同学常常"足不出户",网上购买,快递上门。在网络购物时,大学生具有平台对比和查看商品评论的习惯。对于大学生而言,由于生活经验的相对缺乏,对网络商品价格以及质量优劣难以准确判断,于是查看商品评论和对比不同平台的价格成了不少大学生网络购物的重要习惯。

6) 在线学习习惯

在网络以及数字化新媒体的影响下,大学传统的教学和学习模式受到了极大的影响和冲击,大学生的学习态度、学习方法、学习途径和学习目标等也随之改变。大学生可以轻松在网络上获得丰富的学习资源和课程资料,比如百度文库等资料汇集网站,知网等学术信息平台,好大学在线等在线课程网站,以及学习强国和青年大学习等理论学习软件,都为大学生学习提供了更多选择和资源支撑。与此同时,大学生作为"网络原住民",有着天然的网络空间依赖,批判意识和质疑能力较强,对于在线学习过程中存在的疑惑,喜欢通过网络检索追根溯源,进一步求证。但网络资源的便捷和易得,也使得部分同学养成了盲目借鉴的不良习惯,出现了如照搬照抄网络文章、网络观点等现象。

2.4.3　大学生网络使用行为习惯的影响因素

大学生群体多为"网络原住民",日常生活与网络息息相关,在互联网的环境中成长,多具有原生的互联网思维。大学生网络使用习惯的养成源于多方面的因素,既包含个人因素,也包含教育与社会因素。

1) 个人因素

由于我国发展的时代特点,当代大学生享受着充足的物质、生活与信息资源,在成长过程中也形成了这一代青年的性格特点,例如在个性方面更为张扬、独立,善于表达与众不同的观点和想法,但较易以自我为中心,集体感较弱;富有激情和活力,敢于尝试和挑战自己,但抗挫折能力较弱,缺乏独立处理问题、解决问题的能力;思想活跃,喜欢表达,爱好交友,但在交往过程中,往往容易忽视文明礼仪等。大学生的自身性格是其网络使用习惯形成的基础,由于自小生活在网络环境中,所以其线下生活与线上生活密不可分,网购、外卖已经成为大学生生活的必要组成。由于长期的网络生活,大学生群体能熟练使用网络话语体系,通过网络话语与其他圈层的网民进行沟通交流。由于一方面充满激情与正义感,另一方面又缺乏社会生活经验,因而大学生在网络生活中很容易被利用,成为谣言的推动者或者网络暴力的执行者。

2) 教育和社会因素

学校和家庭的教育也是形成大学生网络使用习惯的重要影响因素。我们通过网络素养教育与习惯养成教育,包括坚持正确的舆论导向,建立健全各项规章制度,重视发挥教师言传身教的表率作用,特别是加强大学生自我教育和自我管理等方法,帮助大学生完善认知体系,形成更健康、更文明的网络使用习惯。例如通过有针对性地培训和引导,大学生对网络谣言的甄别与分析会更为理性,泛娱乐化现象会在一定程度上得到改善等。另外,家庭的"小环境"、学校的"中环境"、社会的"大环境"也会对大学生的网络使用习惯产生重要的影响。

2.4.4　大学生网络使用行为习惯的现状

随着网络技术和传媒方式的进一步发展,大学生的网络使用行为习惯会随之发生变化,并体现出时代性和个体性交织的特点。

1) 大学生学习生活方式与场景正在发生深刻变化

十年前,QQ还需要通过增加电脑登录时长来提高等级,而现在大部分人的手机都可以安装 QQ 客户端,24 小时在线。十年前,人们为了一场演出、一局比赛、一次会面可能需要飞跃千里,而现在手机让人与人之间的时空距离大大缩短。短短的十年时间,网络技术的蓬勃发展已经深刻改变了大学生的学习生活方式:学习场景从课堂扩展至云端,通过网易云课堂、知乎等知识分享平台,大学生可以随时随地学习、与人互动;社交场景从咖啡馆、广场、教室缩小到微信、微博上的一个个网络群聊空间。人们享受着移动阅读、移动社交、移动支付和移动直播所带来的便捷。虚拟的网络空间与真实的现实场景相互关联、交织甚至融合。美国心理学教授珍·特温格在其新著《i 世代报告》中指出,与互联网共同成长的青年大学生更少参与社交活动,取而代之的是线上交流,这既给他们带来普遍的不快乐与孤独感,也给他们带来更强烈的对网络社交的归属感[①]。

2) 大学生通过情感表达和社会参与展现自我意识

2018 年,腾讯 QQ 携手中青报发布了《00 后画像报告》,数据显示,00 后的价值观和兴趣爱好更多元,对事物的包容度更高,对自我和他人的认知更早熟、更理性。他们宅,但是不影响他们追求个性张扬;他们佛系,但不影响他们为理想而奋斗。当前主流的社交软件,如微博、微信、抖音、快手等都支持用户匿名发布内容,通过共同兴趣爱好形成一个个特定的圈层,为大学生搭建了表达个性、社会参与的重要平台。人人都可以做自媒体,他们可以通过晒美食、晒美景、秀恩爱等方式来分享个人的日常生活,也可以通过写段子、画漫画、录视频等方式将个人思考和感悟融入网络文化作品,通过网络传播到世界各地。

3) 大学生关注的网络议题更加多元化

在传统大众媒体中,政府和有关部门可以通过议程设置,将希望人们了解的信息广泛传播。而如今的网络社会,大学生们可以通过不同平台了解到多元的信息和多层面、多角度的观点。网络满足了大学生个体的不同需求,使其可以关注任何他们想关注的议题。大学生们既能在网络上找到小

---

① 中国青年报.网络亚文化系列谈之二:在分享互动中寻找自我认同和归属感[N].(2020-09-11)[2022-11-30].https://baijiahao.baidu.com/s? id=1677499846549388665&wfr=spider&for=pc.

众爱好的"朋友圈",表达自我的情感,在分享和互动中寻找自我认同和归属感;同时,他们又能在网络上围观公共事件,积极参与和监督公共事务,对社会热点、国家大事进行关注、转发和评论,为国家和社会发展出谋划策。大学生在"微关注"与"宏视野"之间自如切换,其"私人空间"和"公共空间"的边界变得日益模糊。

4)大学生社交互动呈现扩张融合的复杂特征

在传统互联网时代,人们将线下的"熟人圈子"转移到线上,并通过网络空间维系亲友关系。层出不穷的移动应用场景为大学生参与网络互动提供了丰富可能,为不同兴趣、不同地域和不同社会阶层的网民创造了兴趣空间,通过网络社交建立起一个个"陌生人世界"。随着网络用户实名认证的推行,传统网络的"虚拟社会"走向"真实",过去的"陌生人世界"也逐渐向"熟人圈子"转化。人们的社交方式经历了由熟人社会拓展到陌生环境,然后向熟悉的共同体转变的过程。大学生人际关系呈现出"熟人圈子"和"陌生人世界"、现实与虚拟、线上与线下、圈内与圈外相融合的特点,他们的交往方式也呈现出多维、复杂、立体的随时互动特点,整体呈现出扩展融合的复杂特征。

2.5 网络道德水平

中共中央、国务院于2019年印发实施的《新时代公民道德建设实施纲要》对抓好网络空间道德建设主要提出四项要求:加强网络内容建设、培养文明自律网络行为、丰富网上道德实践和营造良好网络道德环境。大学生作为网络社会中最活跃的群体之一,其网络道德水平既对网络空间建设具有重要意义,也对大学生本身的德智体美劳全面发展有重要作用。推动大学生网络素养教育,必须大力推动大学生网络道德建设,扎实推进新时代网络文明实践建设,夯实大学生道德教育引导的阵地,讲好美德故事,推动网络成为正能量的集散地。

2.5.1　网络道德的概念

在传统的伦理学研究理论中,道德是一种社会意识,是调整人与人、人与社会之间关系的特殊行为规范的总和。它包含着一定的社会行为规范和总体要求。随着科技的发展,个人能够通过虚拟身份在网络中参加各种活动,虚拟个体间存在一定的关系,网络社会形态逐渐形成,网络道德应运而生。从本质上说,网络交往是人与人现实交往的网络延伸,网络生活是人的现实生活在网络的延伸。近年来,不少学者对网络道德的内涵进行了深入的研究。李玉华等将网络道德与现实道德相剥离,提出网络道德是基于网络技术而产生的新型道德,是现实社会道德在网络社会的延伸[①]。而限于当下科技的发展,网络社会仍是主要基于现实社会和现实主体的社会形态,其中的人际交往方式表现得较为简便,虚拟主体联系较为松散,但虚拟个体身份多变,虚拟人际关系往往随网络场景的不同而变化。因此网络道德在网络社会中形成,存在一定的现实道德基础,又受网络技术发展和网络环境变化的影响。于安龙将网络道德的内涵精简为人们在网络空间中应当遵循的伦理准则与行为规范的总和[②]。

尽管大多数网民认可网络道德具有现实性,但网络社会终究是一种特殊的社会空间。网络社会的特殊性决定了网络道德有别于现实生活中的道德。就其内涵和特点而言,主要包括以下五个方面:第一,网络道德是基于网络社会而产生的,它与信息技术发展紧密相关,网络或信息技术作为媒介,它没有思想、意识或情感;第二,网络道德的主体是现实中的人,无论他们以何种身份现身在网络社会中,其行为都是现实中个人主观能动性的表现;第三,个人网络道德与个人现实道德密切相关,二者是个人道德在不同空间的表现形式,个人网络道德也可看作个人现实道德的延伸;第四,个人网络道德包括个人在网络空间的行为表现、道德认知水平与道德层次等多

---

① 李玉华,闫锋.大学生网络道德问题研究现状与思考[J].思想教育研究,2012(11): 62 - 66.
② 于安龙.虚拟的网络与真实的道德: 大学生社会主义核心价值观培育的网络道德之维[J].中国青年研究,2016(8): 103 - 108.

个维度,具有评价作用、教育作用和调节作用;第五,个人网络道德与现实社会的道德相比,更加强调网民个人的自律。综上所述,个人网络道德可以看作网络道德的狭义概念,是个人在网络空间中应当遵守的行为准则的总和。

2.5.2 大学生网络道德水平层级划分

个人网络道德水平的层次源于道德的本质和网络道德的发展,层次区分于个人在网络社会中行为表现的差异性、实践动因的来源性与道德要求的高低程度。正确认识大学生个人网络道德水平的层次性,有利于引导全体大学生网民网络道德水平的提升,有利于健全大学生的网络素养。

个人网络道德水平与个人现实道德水平密切相关,相比于现实道德,网络道德更强调个人自律。基于大学生群体的特征,大学生个人网络道德水平主要包括正确使用网络、规范个人网络言行和积极引导网络舆论等方面。正确使用网络是基础,规范个人网络言行是网络道德自律的表现,积极引导网络舆论是更高的道德层次,更突出社会责任感。

1) 正确使用网络

互联网的开放性、隐蔽性、虚拟性使得海量信息的传播无所不至,不少信息的真实性和来源难以查明。虽然网络的"无中心"性打破了传统媒介单向传递信息的弊端,使得每一个参与其中的个体都能在网络世界找到自己的角色定位。但是,互联网的这一特性易被"有心人"利用,他们利用网络监管漏洞隐藏身份,无视网络道德规范,肆无忌惮地发表不当言论,扰乱社会秩序。加之现代大学生对外界消息的接收和了解在很大程度上依靠网络平台,缺乏对社会的深刻认知,信息研判能力较弱,对信息缺乏理性的辨析,不能较好地区分信息的真伪,对网络谎言的免疫力较低,很容易被虚假信息"俘虏"。纵观近年来发生的大学生网络道德失范事件,多数与大学生自身对网络道德关系与道德规范缺乏认识或认识不清有关,如有的大学生对网络道德存在与否持怀疑态度,错误地认为网络构建的虚拟世界是"自由"的代名词,忽略了虚拟世界与现实世界的关联,缺乏对网络道德规范的深刻认识,导致失范行为的发生①。大学生应当正确使用网络,提高信息的获取能力,增强信息的辨识能力和应用能力,使网络成为自身拓宽视野、提高能力的重要工具。此外,大学生要重视现实的人际交往能力,不能因为网络交往疏远现实生活中的家人、同学、朋友等,应通过网络开展健康有益的人际交往,不能以网络交往代替现实交往。

2) 规范个人网络言行

规范网络言行要求个人遵守网络的基本规则,例如在网络中尊重他人虚拟和现实社会的隐私权、知识产权与信息安全等。一方面隐私权、知识产权与信息安全等的维护需要信息技术的不断进步;另一方面,则要求网民在追求新奇、刺激的时候,能够理性、规范地开展网络活动,友好地分享网络资源。这一层次的网络道德具有明显的他律性特征,网络道德的规范性本质发挥着主导作用。即个体规范网络行为的动因更多的是外在的、被动的,个人的价值标准完全依附于社会价值体系,个人缺乏独立思考和独立判断的能力;道德主体尚未将道德规范内化为自己的道德品格和价值目标,尚未走完从他律到自律的历程。大多数大学生的网络道德水平处于这一层次。他们认同社会主义的道德原则和规范,在网络活动中有意识地兼顾个人、集体与国家三者的利益,并能平衡个人奉献与索取。在维护个人利益的同时,也能做到不损害他人的利益。但是因为道德主体的自身行为动因还停留在外在条件约束阶段,还未能完全转换为内在约束,即道德主体还未达到自觉地进行自我约束的阶段,因此大学生网络道德还需要向更高层次发展。

3) 积极引导网络舆论

积极引导网络舆论属于更高层次的网络道德水平,即个体不仅自觉遵守网络空间的行为规则,更能主动发挥积极正向的影响力,为网络空间输入正能量。网络道德由原来的外在导向,转换为内在导向,换言之,该层次的个人网络道德动因完全由主体的自我意志约束。这种行为是主动的、自觉

---

① 赵惜群,黄蓉.加强和改进大学生网络道德教育路径初探[J].思想理论教育导刊,2014(4):
129-132.

的,主体的思想动机与网络行为完全统一,符合平等、公平、人道、诚实、守信等现实道德的基本原则与规范。在网络空间,信息纷繁复杂,网络言论如果得不到正确引导,势必会引发各种社会问题。社会也需要正能量的舆论来鼓舞人心,网络空间的清朗建设需要更多主旋律内容。新时代的大学生应当带头引导网络舆论,对模糊认识要及时廓清,对怨气怨言要及时化解,对错误看法要及时引导和纠正,积极营造清朗网络空间。

个人网络道德水平较高的大学生,往往在现实生活中也普遍是品德高尚、意志坚强,对社会、国家有强烈的责任感和使命感的人。在网络社会中,他们同样自发表现出助人为乐、关心国家发展、严格遵守公德等优秀的品质。与此同时,他们自身具有较强的号召能力、组织能力,能够在同学和其他网民中倡导文明上网,引导广大网民文明互动、理性表达、遵德守法,形成积极向上的网络社会氛围。

2.5.3 大学生网络道德水平的影响因素

网络社会是现实社会的延伸。大学生的网络道德水平与其现实社会道德水平存在许多相似的影响因素,例如个人因素、家庭教育、学校教育、社会环境等均会对大学生的网络道德水平和现实道德水平产生影响。首先,个人因素是影响大学生道德水平的最主要因素。大学生的自我意识与个人认知水平决定自身的道德水平高低。其次,家长作为孩子的第一位老师,其道德观念以及价值观念将潜移默化地影响孩子。家庭对大学生道德教育的程度以及家长的示范作用,对大学生的道德水平会产生直接影响。再者,学校的教育理念、道德教育效果以及学校风气等都会对大学生的道德水平产生潜移默化的影响。最后,大学生正处于价值观念形成的关键时期,容易受到外界影响,良好的社会风气将会对大学生形成正面激励作用,帮助大学生提升个人道德水平。

区别于现实道德水平,大学生的网络道德水平还受到网络环境的影响。良好的网络环境有助于大学生网络道德水平的提升;反之,则会使其受到负面影响。网络具有一定程度的虚拟性,这会削弱网络环境的道德监督作用。这一方面更加强调大学生个人的自我道德要求,另一方面更加突出了网络道德环境的重要性。同时,网络也具有高度的开放性,在各种文化和思潮的影响下,大学生容易产生对主流文化体系和道德观念的怀疑,有时会偏离大学生行为道德准则的要求,进而影响大学生的个人网络道德行为和水平。

2.6　网络引导能级

习近平总书记强调,理直气壮唱响网上主旋律,巩固壮大主流思想舆论,是掌握互联网战场主动权的重中之重①。大学生富有活力、创造力,接受新鲜事物的能力强,是重要的网络使用群体。因此,大力提升大学生网络引导能级,充分发挥大学生在网络空间的正向引导作用,既可以培育大学生的正确价值观念,又可以通过大学生带动更多网民文明用网。只有将大学生从网络社会的生力军培养成主力军,使他们逐步从信息的被动接受者转变为信息传播的参与者,甚至是网络文化环境的传承者、创造者,才能让网络真正成为大学生健康成长成才的助推器,成为大学生思想政治教育的有效途径。

2.6.1　网络引导能级的概念

能级是一个从物理学中衍生出来的词汇,原意是说原子核外的电子由于具有不同的能量,按照各自不同的轨道围绕原子核运转,即能量不同的电子处于不同的等级。有不少学者将能级的理念引入社会管理学中。其中,缪文卿提出了"社会能级论"。他认为宏观社会网络是一个金字塔形的能级结构,社会中的每个组织或个人或高或低都有属于自身的位置。而决定一个组织或者个人在社会网络之中位置高低的根本因素,就是组

---

① 吴涛."坚决打赢网络意识形态斗争":学习习近平相关重要论述[EB/OL].(2022-02-21)[2022-09-20]. https://www.dswxyjy.org.cn/n1/2022/0221/c428053-32356306.html.

织或者个人所拥有的总资源存量的多寡。一个人的总资本存量越大,他／她的社会能量就越大,社会影响力也就越强,在宏观社会网络中的位置就越高①。

网络空间也同样存在着影响力大小的问题。为此,我们可以社会能级的概念为基础进一步界定网络能级的概念。网络社会关系也是一个金字塔形结构,决定网民在网络社会之中位置高低的根本因素,就是信息受众(俗称粉丝)量的多寡;信息受众量越大,能影响的人越多,其网络能量就越大,其网络引导能力就越强,在网络社会中的位置也就越高。这种不同层级的影响能力就是网络引导能级。处于不同能级的网民,在网络社会的影响力会有显著不同,对其他网民价值体系和价值观念的引导也会有差异。

大学生是青年群体中的中坚力量,肩负着实现国家富强、民族复兴、人民幸福的时代重任。提升大学生的网络引导能级,即提升大学生在网络空间的影响力,发挥大学生的正面导向作用。大学生网络素养教育的重要环节就是要提升大学生的主观能动性,提高大学生的"站位"和"能级",发挥大学生在网络空间的积极作用。提升大学生网络引导能级是高校网络引导工作开展的有力补充。

2.6.2 大学生网络引导能级的层次特征

大学生在网络中的身份可以分为网络参与者与网络引导者。而从网络参与者转变为网络引导者,则实现了跨越性提升。大学生的网络引导能级具有不同的层次,根据影响力的大小,分为意识引导、言行引导和榜样引导等层级。

1) 有正面引导意识,能为正能量转发点赞

大学生自身的引导意识是其发挥网络引导作用的基础。大学生在网络空间看到各种关于"正能量"的内容会用点赞、关注、转发等形式来表达自己

---

① 缪文卿.论大学组织生成及其与社会的关系[J].教育研究,2015,36(11):64-68.

的观点。点赞、转发"正能量"的行为虽然很简单,却是大学生对主流文化的认可,也会在一定程度上形成带动效果,让"正能量"在网民中广泛传播,营造良好的舆论氛围。例如中国共产党建党 100 周年的庆祝图片,被无数大学生在微信朋友圈转发,营造了热烈的舆论氛围。

2) 能积极发声,拥有正确的网络立场和观点

拥有正面引导意识的大学生,逐步在网络空间灵活使用网络语言,实现对网络话语权的掌控。网络语言是一种新的话语表达方式,大学生是网络语言的创造者、使用者和传播者。高速更迭的网络信息不断催生出新兴的网络语言,这也成为大学生喜欢的娱乐范式的表达。当代大学生对互联网语言的熟练运用与否,直接影响其能否快速进入网络语言体系、能否融入网络群体并参与网络生活。对网络话语权的掌控程度是网络引导能力的重要体现。大学生通过博文创作、短视频制作、美图设计等网络社交常用元素,丰富自己在网络平台的话语体系,将正确的价值取向融入网络空间的表达中,积极参与社会热点话题讨论,占领网络引导阵地。此外,大学生要克服从众心理,基于正确的立场和观点,正视"沉默的螺旋"的危害性,敢于用"网言网语"传播正能量,唱响主旋律。

3) 成为引导榜样,能用自己的榜样力量影响他人

大学生的日常生活实践是提炼思想政治教育内容的"富矿",大学生身边的典型故事和榜样力量在大学生群体中具有极强的感染力。弘扬正能量的大学生网络意见领袖和大学生"网红",在网络空间容易成为"带路人",通过发挥朋辈榜样作用,引导更多大学生守护网络空间,传播主流文化,这也是网络引导能级的最高层级。

2.6.3　大学生网络引导能级的影响因素

网络已经逐步融入大学生的学习、生活等各方面。作为"网络原住民"的新时代大学生,其网络活跃度和参与度较高,是使用网络的重要群体。大学生的个体意识和网络空间的氛围通常会对大学生的网络引导能级产生不同程度的影响。

1）个体意识是影响大学生网络引导能级最主要的因素

大学生作为网络使用主体,具有较高的知识水平和较强的求知欲。大学生在网络认知和网络自律能力上有不同的表现,进而影响大学生在网络空间中的行为表现和发挥的引导作用。换言之,大学生对自己主动参与网络引导的意识和定位,是影响大学生网络引导能级最主要的因素。自我意识较强的大学生会更加主动地扮演在网络空间的角色,通过不断发声,提升自己在网络空间的参与度与被认可度。网络引导意识强的大学生在传播正向能量、维护网络秩序方面也会更加积极主动。

2）外在因素是影响大学生网络引导能级的重要原因

大学生的网络引导能级受到同伴、家庭、学校和社会激励等多重因素的影响。大学生正处于价值观念形成的重要时期,容易受到同伴的影响,同伴对大学生参与网络引导的态度和看法也会在很大程度上影响其对自身的态度和看法。学校和家庭教育持续影响大学生价值观念的形成,父母的价值观念、网络素养教育及学校网络氛围都在一定程度上影响大学生对于网络的看法及自身在网络空间的角色扮演。此外,社会对网络空间的有效监管,清朗网络空间的形成,会让更多大学生有正面引导的机会,也是提高大学生参与网络引导积极性的一个重要因素。

2.6.4 大学生网络引导能级的现状

大学生在网络空间中发挥的正向引导作用主要体现在网络正面形象塑造、网络主流声音传播以及网络文化正向输出等方面。

1）网络正面形象不断涌现

在新媒体时代下,短视频、直播、微博、微信、网站等各种新媒体应用形态层出不穷,大学生已逐渐成为利用新媒体弘扬主旋律、传播正能量的主力军。大学生"网红"也悄然出现在了网络中,通过讲述自己或身边的正能量故事,用受到大众欢迎的方式弘扬社会主义核心价值观。例如19岁的网红作家、湖北文理学院广播电视编导专业大二学生樊艳森,在肩负起家庭责任,成为家里的顶梁柱的同时,还在不断创作充满正能量的小说作品①。湖北日报大学生记者团以微信公众号为平台,探索抗洪救灾全景式报道新路径②。此外,还有大学生"网红"在新媒体平台上展示自身的学习过程和校园文化,体现积极向上的进取精神,营造健康向上的校园文化。当前,借助新媒体平台对大学生群体中的榜样进行宣传报道已成为高校网络素养教育的重点内容。通过融合多种新媒体载体,创新榜样示范教育内容,展示当代大学生的精神风貌,进一步扩大了大学生网络正面形象的影响效应。

2) 网络主流声音不断加强

在"人人都有麦克风,人人都是传声筒"的新传播时代下,人人都能在网络上传播个人的思想和观点。作为接受高等教育的大学生,其获取网络信息、发表个人见解,进行思想传播和价值引领的作用不可小觑。在这样的背景下,大学生网络意见领袖在各种社会热点话题的讨论中频频出现。大学生网络意见领袖主要指的是在网络环境下将媒介信息传递给大学生群体甚至是其他社会群体,并且在群体中有感召力、影响力和凝聚力的意见输出者。他们在大学生群体中扮演着网络信息的传递者、网络舆论的引导者以及网络活动的动员者等角色。目前,大学生网络意见领袖在传播网络主流声音,正向引导青年群体中发挥着关键作用。他们利用自己丰富的知识储备和敏锐的洞察力,在网络中积极引导和发声,瓦解敌对势力的不利声音的传播;面对网络中的不满情绪,能够进行及时的疏导和调整;也善于将现实生活中存在的问题引导到网络上讨论,并策划线下活动。例如组织线上讨论环境保护问题,线下同步组织开展绿色生态志愿活动等。

3) 网络正向输出受到欢迎

伴随着新媒体技术的日益兴起,形式多样、丰富多彩的各项活动在网络空间遍地开花,包括大学生网络文化节、大学生短诗大赛、大学生讲党课等。

---

① 刘德祥.襄阳19岁大学生成"网红"作家每月收入过万元[EB/OL].(2015-12-25)[2022-09-20].http://news.cnhubei.com/xw/hb/xy/201512/t3494897.shtml.
② 李樵,周天竞,杨成.借力新媒体平台　传递正能量:湖北日报大学生记者团探索抗洪救灾报道新路径[J].传媒,2016(16):35-38.

这些网络活动充分利用互联网思维,以大学生喜闻乐见的活动方式和丰富的网络文化内容,动员大学生积极参与,受到大学生群体的欢迎,在弘扬中华优秀传统文化、传播正能量声音方面发挥了重要引领作用。例如,央广网发起举办的"中国好网民——共话青春正能量"活动,深入浅出地传递了中国好网民的理念,动员青年学子将责任意识和担当精神延伸到网络空间[①]。各高校组织的大学生网络文化节,通过遴选出一批优秀的大学生网络文化作品进行展示,面向大学生群体进行正向文化引导。在思想政治理论学习的过程中,创新讲课形式,开展大学生讲党史上党课、90后说马克思主义等主题活动,增强大学生的学习兴趣和主动参与意识。通过网络活动所形成的社会舆论效应,凝聚当代大学生的正能量,引导社会公众形成积极向上的价值取向。

---

① 张春梅.争做中国好网民 共话青春正能量:全国大学生主持人大赛的价值和作用[J].传媒,2017(10):58-59.

第 3 章
大学生网络素养教育目标

互联网是一个社会信息大平台,亿万网民在上面获得信息、交流信息,这会对他们的求知途径、思维方式、价值观念产生重要影响,特别是会对他们对国家、对社会、对工作、对人生的看法产生重要影响①。推动网络社会发展、优化网络空间环境,最核心与最根本的就是要提升网民的网络素养。在前面章节中,我们提到大学生网络素养教育主要包含五大核心构成。在此基础上,我们认为网络素养教育还应达到四个目标,分别是认知目标、技能目标、发展目标和价值目标。其中,认知目标是大学生网络素养教育中的基础目标,理性且正确地认识网络是大学生使用网络的基本前提;技能目标是大学生接入网络所必备的能力,让学生能够有效进行信息的获取、处理及创造;发展目标是网络素养教育目标的较高层次,帮助大学生发挥主观能动性,不断进行内化提升,最终实现自身高质量发展的目标;价值目标是大学生网络素养教育的最高目标,通过价值目标的培养塑造,提升大学生的思想道德素质和道德水平,树立正确的世界观、人生观与价值观。在网络素养教育实施的过程中,要紧紧围绕四个教育目标,加强大学生网络素养教育,不断深化立德树人教育理念,将当代大学生培养成为校园好网民,推进大学生网络素养教育机制的建立和完善。

3.1 认知目标:正确认识网络

互联网打破了传统的学习、生活及交流的边界,既构成了虚拟的网络世界,又形成了客观存在的网络空间。随着用网人数的不断增多,触网场景的不断拓展,互联网已不仅是作为一个技术产品而存在,已然构成了一个网络

---

① 习近平.在网络安全和信息化工作座谈会上的讲话[N].人民日报,2016-04-26(2).

社会。网络社会与现实社会的共同特点是,都由相互关联的人组成,网民是网络社会的基础组成单元,网络空间是亿万民众共同的精神家园①,因此网络文明是新形势下社会文明的重要内容②。认知心理学家让·皮亚杰(Jean Piaget)认为心理的发展受内外因交互作用,认知是行为的基础,行为受心理发展的影响。因此,认知目标是构建网络素养教育目标体系的第一步。高校要通过提升大学生的网络载体属性认识、加强网络道德修养、增强网络法律素养,使其能正确认识和把握人与网络社会的本质及相互关系,实现大学生网络素养教育的认知目标。

3.1.1 把握网络载体属性

网络的本质在于互联,信息的价值在于互通③。互联网自诞生之日起,就不断变革信息传播方式、改变传统工作模式、催生新的文化业态。有形的人通过无形的网络实现互联,因此,网络本质上还是一个载体。首先,网络是信息载体。互联网的产生导致舆论生态、媒体格局、传播技术、传播方式发生深刻变化,特别是网络信息传播领域正在催生一场前所未有的变革,大多数人通过互联网获得并传播信息。从BBS、QQ、人人网到现在的微博、微信、抖音等社交网络和即时通信工具,广受青年大学生的喜爱,用户数量快速增长,移动互联网已经成为信息传播的主渠道。其次,网络是工作载体。网络的发展提供了大量新的工作岗位,网络的便捷性、高效性也改变了很多行业的传统工作模式,网络被当作一个全新的工作载体应用于各行各业中。最后,网络是文化载体。网络不仅是传播人类优秀文化、各类文化交流交锋的重要载体,更是创造文化的载体。伴随着互联网的迅猛发展,网民个体需求及群体互动激发了网络文化产品的创作,催生了网络文化业态。网络为大学生提供了学习和生活所需的海量、最新信息资源以及强大的信息获取渠道,但互联网上信息流动、来源复杂,大学生面对的是信息海洋,想要找到

① 习近平.论党的宣传思想工作[M].北京:中央文献出版社,2020:196.
② 习近平.广泛汇聚向上向善力量 共建网上美好精神家园[N].人民日报,2021-11-20(1).
③ 习近平.在第二届世界互联网大会开幕式上的讲话[N].人民日报,2015-12-17(2).

需要的信息有时并不容易。在获得的众多信息中,大学生要把握网络载体属性,辨别信息真伪并做出正确判断,理性解读搜索到的信息,思索其价值以便进行有效选择。

3.1.2　提升网络道德修养

网络道德修养是网络素养的重要内容。提升大学生的网络道德修养是新时代大学生网络教育的重要目标之一。《新时代公民道德建设实施纲要》明确提出,要"推进网民网络素养教育,引导广大网民遵德守法、文明互动、理性表达,远离不良网站,防止网络沉迷,自觉维护良好网络秩序"[①]。个人网络道德修养与个人现实道德品质密切相关,是现实道德品质在网络上的延伸和体现。在网络社会中表现出助人为乐、关心国家发展、遵守公德等优良品质的大学生,他们普遍道德水准较高,对社会、国家有强烈的责任感和使命感。当然,也有一部分大学生缺乏道德约束及基本责任意识,随意发布不负责任的言论和信息。在网络信息传递和创造的过程中,高校要引导教育大学生养成对信息的良好思辨反应习惯,正确获取和传递网络信息,抵制不良信息的侵害,不传播和创制不良信息,维护健康的网络环境。同时,在解决学习和生活中的实际问题时,还能有所创新,如利用网络调查进行数据统计和学术研究,发挥主动性、创造性来提升自己并有所发现。

3.1.3　增强网络法律素养

《法治社会建设实施纲要(2020—2025 年)》明确提出,要"加强全社会网络法治和网络素养教育,制定网络素养教育指南"[②]。随着网络技术的快速发展,以大学生为犯罪主体的网络犯罪行为呈现蔓延之势,且表现为数量不断攀升、形式多样化、主体范围扩大、作案手段专业化等特点。整体来看,青年大学生的法律意识及法律知识水平不高,法律观念较为浅薄,而法律的

---

① 中共中央国务院印发新时代公民道德建设实施纲要[N].人民日报,2019-10-28(1).
② 中共中央印发法治社会建设实施纲要(2020—2025 年)[N].人民日报,2020-12-08(1).

意识不是天生就有的,是需要通过后天的学习和实践习得的①。缺乏网络法律素养教育的学生可能更易产生错误的观点,并对事实持怀疑及不信任的态度,从而导致网络违法犯罪行为的发生。网络空间不是法外之地,互联网技术的进步、网络上信息的传递、网络文化的交流碰撞都是人为创造的,创造网络、应用网络、推动网络发展的主体都是现实的。习近平总书记强调,要抓紧制定立法规划,完善互联网信息内容管理、关键信息基础设施保护等法律法规,依法治理网络空间,维护公民合法权益②。网络法律法规的完善是推动互联网健康发展的重要保障。但最终还是要靠公民切实提升自身的网络法律素养,自觉遵守网络法律法规。

当前,在大学生网络法律素养的教育引导方面,既有大学生自身内在思想准备不足、对网络世界的有效认知不足等方面的问题,也有浩瀚信息给网络监管带来的极大困难,更有高校对网络法律教育开展不重视、不及时的问题。因此,增强网络法律素养既是新时代大学生网络素养教育的目标之一,也应作为大学生法律基础课程的重要内容。大学生应走在网络法律素养教育的前列,依法依规触网、用网,并积极普及网络法律法规。高校要增强大学生的法律意识和网络防范能力,进一步增强大学生的社会交往能力和辨别是非能力,提升其综合网络法律素养。

3.2 技能目标: 有效运用网络

新一代的信息技术正在飞速发展,移动互联网、云计算、大数据、人工智能等技术正在不断融入社会的各个领域。在高度信息化的社会中,社会活动的开展均离不开信息的支持,人们对信息的生产、加工、传输都离不开计算机网络,数字化的广泛应用促使人们要适应工作和生活等各个方面的变革。这就要求人们要具备一定的网络技术素养、掌握必要的网络技术能力,

① 赵丽.高校法律教育的改革与大学生法律意识的培养[J].黑龙江高教研究,2007(5):169-171.
② 习近平.习近平谈治国理政:第一卷[M].北京:外文出版社,2018:198-199.

这是有效运用网络的基本前提。

在目前的社会环境下,大学生"触网"年龄越来越低龄化,有些在中小学阶段就已具备了接入网络的技能,可以通过网络媒介、搜索引擎等工具查找自己想要了解的信息,但要具备较高水平的知识和技能以辅助自我学习乃至进行网络创新,还有待进一步的学习和教育。《中长期青年发展规划(2016—2025 年)》明确提出,要"在青年中广泛开展网络素养教育,引导青年科学、依法、文明、理性用网"[①]。技能目标是新时代大学生网络素养教育的关键内容,包含掌握网络操作技能、强化网络信息处理能力及提升网络信息创造能力等内容,核心是要教育引导大学生会用网、用好网。

3.2.1　掌握网络操作技能

自 1994 年互联网进入中国,计算机网络普及教育就受到高度重视。从计算机语言、文字处理及软件知识到网络应用,在每一次的计算机普及教育中,大学生都是最受关注的群体之一。教育信息化是教育现代化的基础工程。伴随着信息技术课程从大学走向中小学,凡是受过义务教育的人都有初步的计算机知识及网络操作技能。随着在线课程和网络化学习的深入推广,计算机应用已在大学生群体中全面普及。网络操作技能成为当代大学生的必备技能。由于网络软件快速更新迭代、网络应用不断推陈出新、网络产品越发智能便捷,大学生必须不断加强学习网络操作技能,才能始终跟上网络时代发展的步伐。

网络是把分布在不同地理位置上的计算机、终端通信设备和通信线路连接起来,再配以相应的网络软件,从而使众多计算机可以方便地互相传递信息,共享信息资源。目前,各高校均已设置相关课程,在教授大学生基本网络操作技能知识的同时,个性化设置符合大学生生涯发展和社会化需要的网络操作技能培养计划,可以引导大学生了解网络背后的技术和知识。

---

① 中共中央,国务院.中长期青年发展规划(2016—2025 年)[EB/OL].(2017-04-13)[2022-09-20]. http://www.gov.cn/zhengce/2017-04/13/content_5185555.htm#1.

大学生网络操作技能涵盖范围较广,包括了解网络基本配置、熟悉网络常用命令、了解网络层相关操作、了解局域网相关操作、熟悉常用服务器搭建原理、了解网络安全及 Web 相关操作等①。其中,大学生深入了解互联网的基本原理和硬件的相关知识,对于提升其网络操作技能有着非常重要的作用,也是帮助大学生更好了解网络并有效运用网络的基础。大学生在掌握网络硬件知识的同时,也需要学会网络基础硬件设备的设置、了解基本网络硬件运行故障类型、掌握对网络硬件的检查维护等实践操作技能,通过合理有效地使用硬件资源不断优化资源配置。只有掌握网络的基本原理和设计理念,才能让大学生知其然,更知其所以然,更好地理解整个网络,这也为后续更深层次的教育做好了必要的知识铺垫。

3.2.2　强化网络信息处理能力

网络时代是信息大爆炸的时代,各类信息通过网络媒介传播扩散,大学生作为网络应用的忠实拥护者,具有一定的网络操作技能,相对容易在网络上获取信息,也容易受网络的影响。在互联网技术快速发展的背景下,人人都可以成为一个端口,上传和下载信息,发布并传播信息,大量的信息存储与传递给信息处理带来极大的挑战。在获得的众多信息中,大学生首先要善于进行批判性的比选,有能力做出正确的判断和选择。在决定取舍之后,对选择的信息进行有效的组织和管理,并且将有用的信息以适当的方式存储起来,在将来需要的时候能迅速找到并利用起来。网络上的各类可获取信息往往需要进一步整合、计算、处理等操作才能为己所用,如何整合、怎么处理就成为重要的网络技能之一。

网络信息处理能力集中反映在两个方面。一是快速的信息收集能力,要能在短时间内从浩瀚的网络信息中收集到有用的信息,经过有效的"复制"与"粘贴",以减少信息收集时间。信息从存储介质上分为文本、图像、动

---

① 中共中央,国务院.中长期青年发展规划(2016—2025 年)[EB/OL].(2017-04-13)[2022-09-20]. http://www.gov.cn/zhengce/2017-04/13/content_5185555.htm#1.

画、声音、视频等,这些不同信息之间的分类、储存、调用、重用都需要学生有较强的信息收集管理能力。因此,具备一定的数据库知识,可以辅助学生对信息进行高效的处理。同时,大学生也需要学会区分不同类型传播者的信息真实度所存在的差异性。官方、主流媒体发布的信息更具权威性,可信度较高。二是高效的信息分析整理能力,要能对大量的网络信息进行再加工及必要的"剪辑",提高网络信息分析效率。大学生处理信息的形式,可以通过网络形成团队协作,也可以是一个人通过专业的软件来处理整合,这些都能有效提升大学生的信息处理技能。以大学生的学术资源信息处理为例,学生既需要从互联网海量的数据中选择出自己需要的信息,也要学会从图书馆或各大数据库,如知网、万方等网络平台中检索自己所需要的学术资源,同时从获取的各种类型资料里发掘自己所需要的信息,并对这些信息进行分类处理,形成自己的学术资源数据基础。对获取的学术资源信息,学生需要进一步分析并寻找规律,以一定的形式和表现方法,结合自己的观点、方法来实现信息的整合重现。

3.2.3　提升网络信息创造能力

大学生是思维最为活跃的群体,在网络中具有较强的代表性和引领作用,其思想、行为往往能够影响整个青少年群体,因此在网络素养教育目标体系中,应当对大学生群体的网络技能目标有更高的要求。其中,网络信息创造能力是大学生知识水平、思想深度和价值取向的重要反映,应成为新时代大学生网络素养教育目标体系的重要内容。具体而言,大学生的网络信息创造能力是指通过制作、加工、评论等方式,在网络上传播具有正能量和积极价值的信息的能力。这种创造既包括原创,也包括二次加工。

当前网络环境下,大学生的网络信息创造能力更多地体现在网络表达环节,因此在大学生积极发挥主观能动性进行自我教育的同时,高校应加强有针对性的教育引导,进一步激发大学生的网络信息创造能力。一方面,大学生要注重提升对网络信息进行深加工的能力,而不是满足于简单的网络信息搬运工,要善于对网络信息进行多角度的鉴别和思考,在坚持正确的立场和方法的前提下,对信息转化吸收后进行二次创造,并形成自己的核心观点。大学生要更多地在网络中说理,在表达自己的观点时进行"论点+论据"的逻辑推演,为多样化的网络舆论场注入健康向上的力量,避免出现舆论极端化问题,共同营造积极、健康、向上的网络文化。另一方面,高校要教育引导大学生积极开展网络文化产品创作,用青年人喜爱的、乐于接受的方式,创作出有温度、有影响力的网络文化作品。如由教育部思政工作司和中央网信办网络工作局联合主办的"全国大学生网络文化节"便是通过微视频、微电影、动漫、摄影、音频、校园歌曲等多样的作品形式,鼓励引导广大青年学生积极创作优秀的网络文化作品。高校可组织或引导大学生积极参加高校网络文化作品大赛、网络设计大赛等活动,让学生能在实践中不断提升对网络信息的创造能力,全面提升个人网络素养。

整体来看,拥有良好的网络技能是大学生有效运用网络的基础,是大学生网络素养教育中的重要环节。大学生在熟悉网络基本原理、掌握网络软硬件相关知识的同时,也要熟悉信息"获取—处理—应用—再生"的全链条过程,从而不断提升自身的网络技能,实现合理有效运用网络。

3.3 发展目标:适应网络生存

网络素养是个人在信息时代,特别是网络时代所必备的网络生存与发展的基本素养[①]。大学生网络素养教育的重要目标之一,就是要充分而全面地发挥网络的工具价值。网络不仅仅是娱乐或者社交载体,更是学习知识和提升自我的载体。大学生在使用网络的过程中,要注重提升促进自身健康发展和社会进步的意识和能力。因此,在继正确认识网络和掌握相关技能之后,大学生需要着眼于自身和社会的发展,增强个人在网络活动中的安全意识,养成良好的网络活动行为习惯,提升个人的网络学习发展能力,

---

① 王伟军,王玮,郝新秀,等.网络时代的核心素养:从信息素养到网络素养[J].图书与情报,2020(4):45-55,78.

让网络成为个人和社会发展之翼。

3.3.1　增强网络安全意识

随着科学技术的迅猛发展,全面到来的网络信息时代改变了人们的生产与生活方式,特别是随着全球化的深入和新媒体的演进,网络空间层面的国家安全受到了前所未有的挑战。习近平总书记强调,从世界范围看,网络安全威胁和风险日益突出,并日益向政治、经济、文化、社会、生态、国防等领域传导渗透①。对于大学生而言,在安全这个问题上,网络和现实社会一样,确保自身安全和不损害他人是实现自身健康发展的根本前提和基础,所以网络安全意识是网络素养教育的重要内容,也是发展目标的基本构成。

对于大学生而言,网络是他们认识外部世界的重要渠道,网络世界对其价值观的影响尤为明显。是否具备正确的网络价值取向、网络安全意识是衡量大学生是否为合格人才的重要标准。增强大学生的网络安全意识是高校的重要责任,高校既要引导大学生充分认识到网络安全的重要性,也要加强大学生的网络安全教育,帮助其树立正确的网络安全观。首先,意识形态安全在网络安全中处于第一位。高校作为培养社会主义合格接班人的主要阵地,保证大学生网络意识形态的安全已成为马克思主义意识形态在高校成为主流意识形态的先决条件。因此,高校要教育引导大学生牢牢绷紧网络意识形态安全之弦,在大是大非面前保持头脑清醒,站稳立场。其次,高校要教育引导大学生充分认识到网络安全的重要性,学会辨别网络信息,做好个人网络安全防护,提高个人的网络安全防范能力。互联网不是世外仙境,不是法外之地,其中既有舆论斗争,也有违法犯罪。在网络世界中,大学生既有可能成为受害者,遭受不良网络信息的侵蚀,成为网络攻击的对象,致使自身人身和财产受到损害,也有可能成为侵害者,对他人的安全和权利造成损害。实践中,大学生的网络安全意识教育可以从网络系统安全、网络信息安全两方面切入,并从价值观层面进一步强化。

---

① 习近平.在网络安全和信息化工作座谈会上的讲话[N].人民日报,2016-04-26(2).

3.3.2　注重网络行为习惯的养成

培根曾经说过:"习惯是一种巨大而顽强的力量,它可以主宰人的一生。"良好的网络行为习惯的养成对于大学生来说尤其重要。网络生活是当代大学生日常学习与生活的重要组成部分。多数大学生每天因为网络学习、网络社交、网络购物、网络娱乐等而在网络上花费大量的时间和精力。网络世界的内容丰富而驳杂,如果大学生在使用网络的时候不能做出良好的安排,不仅不能从中获益,反而会深受其害。比如有的大学生不能合理安排网络娱乐时间,每天晚上打游戏到深夜,既影响学业,也影响身体,更有甚者会过度沉迷网络,出现网络成瘾的现象;有的大学生事事依赖网络,用餐很少去食堂,顿顿吃外卖,不仅饮食不健康,也容易出现从"身体宅"到"精神宅"的现象。因此,青年大学生如何在高度依赖网络学习与生活的环境下,养成良好的网络行为习惯,实现网络使用的自我管理与调节,也成为大学生网络生活中要面对和解决的重要问题。

养成良好的网络行为习惯是新时代大学生网络素养教育目标体系的必然要求,这需要政府、高校、学生和社会各界的共同努力。在政府层面,需要健全网络法律规则,打击网络违法行为,保障网民权益[①]。对于网络平台,有关部门需要健全其运行制度,加强监督管理,实现优质网络信息资源的传播,及时处置传播不良信息的网络平台,创造制度健全完善的网络社会。在高校层面,需要加强对大学生网络行为的教育引导,提倡合理使用网络。网络是现代生活的重要媒介,连接信息、连接他人、连接世界,但它并不是生活的全部,网络化生存是现状,但不是离开了网络就无法生存。高校可以通过建立校内网络交流平台,组建高素质的网络教育师资队伍,做好学生网络行为的动态监管,从引导、教育、管理等多方面帮助学生养成良好的网络行为习惯。在学生层面,要教育引导学生提升网络使用的自我管理与调节能力,包括科学规划线上与线下时间分配,加强自律自控的能力,对自己在网络中的各项行为

---

① 叶定剑.当代大学生网络素养核心构成及教育路径探究[J].思想教育研究,2017(1):97-100.

持理性态度,切实管好个人在网络上的行为,严格遵守网络使用规定,充分利用网络资源助力个人成长、成才,等等。在社会层面,要推动大学生积极拓展网络社会参与和交流协作。网络圈层的不断细化,使得"信息茧房"效应在青年大学生中不断增强,其交流圈子不断窄化。大学生在网络中的积极参与和协作,有利于大学生突破圈层禁锢,开阔视野,涵养乐观向上的心态,增强社会责任感和组织协调能力。这需要网络社会相关领域的从业者、学生家长等主体共同努力,一起营造良好的网络氛围。

3.3.3　提升网络学习发展能力

学习是学生的第一要务。学习与发展能力是学生在校期间要培养的最重要的能力之一。在互联网时代,大学生的学习可以通过多种方式进行,学生自己也具有学习内容和方法的主动选择权,比如学生不用在固定的时间段、固定的地点完成学习任务,可以根据自我发展的需要灵活选择学习时间、地点和方式①。近年来,新冠肺炎疫情的暴发也不断推动高校在线教学模式的发展,网络真正成为大学生日常学习中不可或缺的组成部分。高校学生需要有意识地在网络生活中提升学习能力,助力自身发展。

网络学习发展能力是大学生在适应网络生存中的必备能力。

首先,培育大学生网络学习发展能力需要大学生提升学习的主动性和自律性。网络学习为大学生提供了更多的学习资源和方式,打破了课堂授课的单一性,表面上看大学生面对的选择更多了,但我们也要看到随之而来的新挑战。传统的学习方式通常在固定的时间、地点进行,有固定的老师和同学,学习的仪式感很强,从而形成较强的监督和约束,有利于学生集中注意力。网络学习的多元化和灵活性打破了空间、时间、方式的限制和约束,学习从一定程度上完全变成了个人的事情,与外在的人和环境的关联度变小,仪式感较弱,部分大学生学习的自主性和专注度会受到影响。在网络学

---

① 谢浩,许玲,李炜.新时期高校网络教育治理体系的结构与关键制度[J].中国远程教育,2021(11):22-28,57,76-77.

习中,学习的主动性和自律性非常重要,再多的学习资源不用也是无用,灵活的方式不是用在学习上反而弊大于利。因此,大学生在开展网络学习时,应由被动受学到主动愿学,既要明确自身的学习目标,又要加强自律,充分利用多种网络资源渠道提升自我,如网络教育平台、学习网站、电子期刊、专业数据库以及各类搜索引擎等。

其次,培育大学生网络学习发展能力需要大学生掌握适应网络特点的学习方法,建立系统的知识脉络,提升学习质量。网络信息数量庞大而繁杂、内容范围广泛、信息类型众多,除了成熟的网络教育平台之外,多数网络信息的分布是零散的、无序的。这就要求大学生能够整理、提炼有价值的学习资源,并对获取的知识内容进行持续地更新及再创造,有效构建个人的知识脉络。依托网络学习不断赋能个人发展,是大学生适应网络化生存的实际需要,是新时代大学生的基础素养及必备技能。在新冠肺炎疫情暴发之前,网络学习还只是一种自主选择;受新冠肺炎疫情的影响,现在很多时候网络学习已成必须选择。与此同时,大中小学也在不断完善和推广在线教学,网络学习的应用场景日益增加,网络学习的体验也日益改善,因此大学生不断提升网络学习的意识和能力已是大势所趋。

整体来看,发展目标是检验新时代大学生网络素养教育成效的重要参考指标。大学生活跃于网络之中,既要学习网络技能,也要学会依托网络开展学习,不断增强自身的网络安全意识,积极主动地调节自身的网络行为,并在此过程中不断提升自身适应网络生存、网络发展的能力水平,从而实现个人网络素养的不断提升。

3.4 价值目标:争做优秀网民

人无价值不立。推动青年大学生争做网络好青年是新时代大学生网络素养教育的终极目标。新时代网络好青年应当树立正确的网络价值观,具有网络责任担当意识,并坚持积极的网络道德实践,成为在互联网中弘扬社会主义核心价值观、维护我国主流意识形态安全的重要力量。

3.4.1　具有网络责任担当意识

意识是心理的过程和属性,是一种心理状态。具有网络责任担当意识是优秀网民区别于一般网民的显著标志。网民是网络空间的主体,建设好网络空间需要网民履行好主体责任,要有社会责任与担当意识。在网络环境中,我们可以根据大学生是否采取负责任的行动和态度来衡量其网络责任与担当意识的强弱。一方面,大学生具有较强的公民责任感、平等意识、民主意识和参政议政意识;另一方面,大学生作为成长中的青年人,他们渴望获得尊重、信任和认同,但同时又喜欢张扬个性。因此,一些国际国内政治事件、社会突发事件等网络热点极易引发大学生的关注,进而在网上进行热烈讨论。应该说,积极参与网络表达,宣传良善,批判谬误,正是社会责任担当意识的体现。如果大学生们对国家、社会的大事,对身边人、身边事漠不关心,那才是社会责任担当意识的缺失。当然,在积极参与的同时,不能只求观点标新立异或任凭情绪驱动,而是要认真判断信息真伪,否则很容易被恶意传播者带入负面传播的圈套内。青年人敢于担当,国家民族才有希望,青年大学生网民敢于担当,网络空间治理才有未来。大学生网民不能去做"沉默的大多数",而要对自己的网络行为负责,更要坚决抵制网络不良行为,也要敢于同网络低俗文化及敌对势力作斗争,积极传播正能量,为营造清朗的网络空间尽一份力。大学生也要切实担负起维护网络安全的社会责任,积极遵守网络法律法规,依法上网,有序参加网络空间治理及相关活动,共同努力建设好网络精神家园。高校要通过培养教育,增强大学生的网络责任担当意识,要在认识理解的基础上,将大学生的责任担当意识转化为其对社会责任的情感认同和实践行动,不仅要让大学生具备较为充足的知识储备,更要让大学生清楚地把握自己应该做什么、不应该做什么,清楚地知道如何担当责任及不同行为会产生怎样的后果和影响。

3.4.2　坚持积极的网络社会公德

网络是现实社会的延伸,互联网为社会公德实践提供了新的空间和新的载体。网络社会公德是人们在网络交往和网络环境中应该遵守的行为准则,是维护网络健康秩序、保证和谐稳定的基本道德要求。在网络社会公德中,高尚的网络道德情操是根本。大学生在网络上开展活动要有原则、有规矩、有底线,不仅要自觉做到不制作、不发布、不传播非法有害信息,更要文明上网、理性表达、有序参与,依法依规严格自律。大学阶段是青年人进行道德学习和道德建设的重要时期,如果没有接受正确的引导,难免存在网络认知和自我管理出现偏差等问题。作为青年网民的中坚力量,大学生应当积极践行网络道德实践,树立良好的网络道德观念,做好网民、做高尚网民。在"后真相时代"及"慢真相时代",高校在教育引导大学生加强网络信息甄别能力的同时,更要加强大学生网络道德观教育,让其在线上网络与线下生活中保持一致性,教育大学生能够冷静面对网络不良诱惑,明白自己不该做什么;教育大学生能够筛选网络信息,做到不信谣、不传谣,客观看待网络信息;教育大学生能够积极主动发声,为构建清朗的网络空间做出积极的贡献;高校更要用优秀传统文化滋润青年大学生网民、滋润网络空间,让主旋律充盈网络空间,形成向上向善的网络文化。

3.4.3 树立正确的网络价值观

概括而言,网络价值观是指网民对涉及网络事务价值的系统看法,包括网民看待、评价网络空间和网络活动的标准,以及由此形成的价值观念和行为模式的选择标准。网络价值观是在传统价值观或者说是现实价值观的基础上形成的,是个人价值观的重要组成部分。如果说价值观决定了日常行为准则,那么网络价值观则决定了网民在网络上的日常行为准则。因此,树立正确的网络价值观是新时代大学生网络素养教育目标体系的关键之关键。随着全球化的深入和互联网的发展,来自其他国家和地区的不同文化对我国传统思想与社会发展模式造成了强烈的冲击,各类思潮不断涌现,西方资本主义国家持续对我国进行文化渗透、破坏甚至颠覆活动。特别是在智能移动电子设备广泛普及、移动网民规模不断壮大、大学生在其中占比也不断提高的情况下,来自另一种意识形态的文化理念对我国大学生产生了较大影响。青年大学生正处于世界观、人生观和价值观形成的关键阶段,对纷繁复杂的网络信息缺乏足够的辨别能力,极易受到外部不良因素的影响。比如,网络上一些抵制、悖逆主流社会的愤世嫉俗、消极颓废的内容,容易给人带来轻松、自由和愉悦的感受,涉世未深的大学生容易产生错觉,对其产生极大的认同感,甚至将其当作主流文化来接受,极大地阻碍了正常、健康的文化价值观念的形成。大学阶段是大学生价值观形成的关键阶段,高校要引导大学生树立正确的网络价值观,进一步提升大学生的思想道德素质和道德水平,使其成为优秀网民,共建网络精神家园。

立德树人是高等教育的根本任务,也是教育工作的方向目标。在构建新时代大学生网络素养教育目标体系时,必须要坚持立德树人这个根本任务和目标,教育工作者要围绕这个任务和目标来教育培养学生,大学生也要围绕这个目标来进行自我学习和提升。我国的网络素养教育起步较晚,社会各界对其重视程度参差不齐。其中,高校对大学生网络素养教育工作还不够重视,多侧重网络安全知识的教育,却忽视了大学生网络基础技能和网络安全、法律意识、应对策略等内容的教育,总体上存在缺乏系统的课程设置、缺乏完备的师资队伍等问题。大学生的网络安全意识教育,既要让其了解网络安全的知识,熟练掌握运用网络的安全技能,也要让其懂得运用互联网技术保护个人信息和个人财产安全,当他们的个人合法权益受到威胁时,要知道运用所学知识向相关部门寻求帮助,维护自身的合法权益。同时,更要引导大学生树立正确的价值观,维护风清气正的网络环境。

综上所述,开展大学生网络素养教育是我国高校的一项战略任务,这不仅是为国家培养社会主义合格建设者的需要,更是维护国家安全、社会和谐的需要。在大学生中适时开展网络素养教育,不仅可以有效提升大学生的道德水平、社会责任感及安全意识,有助于大学生全面成长成才,更有助于健康网络环境和文化阵地的建设,维护我国网络安全及国防安全。

第 4 章

大学生网络素养教育的基本
规律、影响要素及效果评价

本章将立足时代背景和网络特点,结合国内外学者对大学生网络素养评价的研究,深入探讨大学生网络素养教育应遵循的基本规律、应关注的影响要素,以及通过构建大学生网络素养教育评价指标体系,不断提升教育的科学性和有效性。

4.1　大学生网络素养教育的基本规律

教育活动需要遵循一定的客观规律,在具有明确教育目标的基础上,通过准确把握教育规律、积极运用教育规律,才能让教育工作与时俱进。习近平总书记在全国高校思想政治工作会议上指出,要运用新媒体新技术使工作活起来,推动思想政治工作传统优势同信息技术高度融合,增强时代感和吸引力①。中共中央、国务院印发的《中长期青年发展规划(2016—2025年)》中特别强调,"把互联网作为开展青年思想教育的重要阵地""在青年群体中广泛开展网络素养教育,引导青年科学、依法、文明、理性用网"。为此,开展大学生网络素养教育更加体现出充分的必要性与紧迫性。只有厘清大学生网络素养的基本规律,并指导其开展网络素养教育,高校思想政治教育的工作成效才会更加突出。当前有不少理论与实践层面的相关研究与总结,为进一步指导开展大学生网络素养教育奠定了良好的基础。

4.1.1　大学生网络素养的基本情况

大学生网络素养的形成规律和教育提升,是高校思想政治教育领域关

---

① 习近平在全国高校思想政治工作会议上强调:把思想政治工作贯穿教育教学全过程　开创我国高等教育事业发展新局面[EB/OL].(2016-12-09)[2022-09-20]. http://dangjian.people.com.cn/n1/2016/1209/c117092-28936962.html.

注的重要问题。研究大学生网络素养的形成规律,首先要了解当前大学生网络素养的现状。

2000 年,有国内学者结合中国当时申请加入世界贸易组织(WTO)的大背景,提出了要应对全球网络的冲击,在高校普及网络知识是提高我国青少年网络素质的必要条件,也是提高全民族网络素质的最佳途径。此后,围绕高校思想政治工作者和高校学生的网络素质现状的学术探讨,便成为网络素质相关研究的主题之一。在中国知网以"大学生"与"网络素养"为关键词,共搜索到近 700 篇文献,时间跨度主要为 2004 年至 2020 年,研究内容主要围绕现状、问题、影响因素、提升路径四个方面展开,可见相关领域学者紧跟时代潮流,较早捕捉到了大学生网络素养培养的重要性,并将大学生网络素养培养的现状研究作为相关延伸研究的出发点。

在研究大学生网络素养现状的过程中,学者们通常在高校中采用随机抽样的方式进行问卷调查,有部分学者采用问卷调查与访谈相结合的方式,定量分析与定性分析相结合,取得了比较突出的研究成果。目前相关研究的方向、内容、结论比较丰富,总体上可以从认知、学习、自控、安全、道德、法制这六个方面进行归纳,包括积极方面和消极方面。

在积极方面,万柯彤认为大学生大多具有良好的网络认知和操作能力、网络信息辨别能力,具有一定的网络安全意识、网络道德与法律意识[1]。贝静红采用问卷调查法对 69 所高校的学生展开调查,对大学生网络素养进行了综合分析,发现大学生对网络媒介特质有一定程度的认知,能体现出一定的网络道德素养,但其网络安全意识总体上较为薄弱,缺乏对"网络色情"和"网络垃圾"的批判,自我管理能力较弱,有利用网络学习的动机和意识[2]。

在消极方面,胡余波等对浙江省 107 所高校的在读大学生进行分层抽样调查和重点访谈,发现被调查的大学生主要存在自主学习意识欠缺、独立

---

① 万柯彤.思想政治教育视野下大学生网络素养教育现状及对策[J].高校辅导员,2020(4):77-80.
② 贝静红.大学生网络素养实证研究[J].中国青年研究,2006(2):17-21.

批判意识淡薄、时间管理意识较差、自我发展意识不强、道德责任意识薄弱等问题[①]。肖立新等随机选取张家口市 5 所高校的 500 名同学进行调查，并随机抽取 35 名同学进行个别访谈，发现大学生在网络素养方面存在如下问题：缺乏网络信息批判意识，网络学习能力有待提高，缺乏网络接触行为的自我管理，网络创新能力有待提高，网络伦理道德水平有待提高[②]。

　　总的来说，通过对积极方面和消极方面的研究进行归纳分析，大学生网络素养的基本状态可以概括为以下五个方面。

　　一是网络认知方面。绝大部分大学生对网络媒介有较为清晰的认知，比较熟悉网络操作和应用，尤其随着互联网和智能手机的结合，当代大学生对网络媒介具有较好的适应性，但对网络的认知还有一定的局限性，例如没有认识到网络文化中存在的基于意识形态的霸权现象，或认为自身受到网络的影响比他人小，发挥网络作用的能力较为有限。

　　二是网络信息的批判意识方面。大学生在面对"网络色情"和"网络垃圾"时，普遍缺乏批判的意识，容易受到网络信息的影响；对于网络信息的鉴别能力不足，容易接受与自身主观倾向相同的观点，而对与自身主观倾向相异的观点则表现出回避或排斥态度，即在信息鉴别中采取的是选择性批判，而不是普遍性批判；与此同时，大学生表现出较强的政治自觉性，在面对反动信息与政治错误信息时，基本能做出正确判断和及时应对。

　　三是网络行为的自我管理方面。大学生在网络使用方面缺乏较强的自制能力和计划意识，部分不能科学地管理自己网络使用时间的大学生往往会在网络上虚掷宝贵时间乃至沉迷于网络，导致自己的正常学习和生活受到影响。除此之外，有部分大学生发布不负责任的言论和信息，缺乏对自我的道德约束以及基本的责任意识。

　　四是借助网络的自我发展方面。绝大部分大学生都会认为，利用网络

① 胡余波,潘中祥,范俊强.新时期大学生网络素养存在的问题与对策：基于浙江省部分高校的调查研究[J].高等教育研究,2018,39(5)：96-100.
② 肖立新,陈新亮,张晓星.大学生网络素养现状及其培育途径[J].教育与职业,2014(3)：177-179.

的信息和资源有助于自我的发展。但在实践中,由于运用网络的能力、习惯等方面的差异,会在一定程度上影响这种预期的充分实现。例如,在通过网络获取自我发展需要的信息和资源时,面对良莠不齐的网络信息,大学生不仅需要耗费大量的时间和精力去搜集和整理,还必须具备娴熟的网络应用能力,才能充分发挥网络在发展自我方面的作用。

五是网络安全与道德方面。面向大学生的问卷调查结果显示,绝大部分大学生在进行网络接触的过程中能有意识地保护个人信息安全,但也有一部分大学生对于在网络发表个人观点需要负责任的意识不够,以及对网络信息及资源的版权归属认识不清晰,部分学生对网络黑客存在好奇与竞争心理,有部分学生试图攻击他人,对于自己和整个网络安全认识不充分[①]。

除了以上五个方面之外,通过纵向对比不同时期的问卷调查得出的统计数据可以发现,随着时代的发展与网络技术的不断普及,大学生首次接触网络的年龄在不断降低。2000 年后,随着互联网发展而成长的当代大学生,他们的网络基本素养相较于 10 年前被问卷调查的大学生有了非常显著的提高。前者有着更清晰的网络认知与更积极的评价,其对网络信息的批判意识以及借助网络的自我发展意识明显增强,而网络行为的自我管理能力和网络安全与道德意识仍有待进一步提高[②]。

4.1.2　大学生网络素养教育的基本情况

总体上,我国的网络素养教育起步较晚,社会各界对其认识的程度和重视程度尚有待提升,而对于大学生网络素养教育的研究也是在逐步发展的过程中。

1) 大学生网络素养教育的研究情况

当前国内关于大学生网络素养教育的研究主要以问题为导向,对现存

---

① 万柯彤.思想政治教育视野下大学生网络素养教育现状及对策[J].高校辅导员,2020(4): 77-80.
② 中国互联网络信息中心.第 50 次《中国互联网络发展状况统计报告》[EB/OL].(2022-09-14)[2022-09-20]. http://www.cnnic.net.cn/n4/2022/0914/c88-10226.html.

问题及其原因进行梳理分析,进而对大学生网络素养教育提出对策建议。例如,肖立新指出高校是网络素养教育的主阵地,但是目前的教育体系对大学生上网行为缺乏目的明确、体系完整的教育和引导,导致大学生网络素养的整体水平与网络发展速度存在脱节现象,相关网络素养教育存在严重的滞后性①。滕建勇等认为大学生是"数字化成长"的一代,网络全方位深度嵌入其日常学习和生活中,没有网络寸步难行。新时代大学生在网络学习、表达、社交和消费中呈现出新的特征,准确把握这些特征,全面了解大学生的网络活动状况和网络行为特点是开展好大学生网络素养教育的前提②。高校应从转变传统的教学理念、整合优势资源、创新教育手段和目的以及加强学生自我教育能力四个方面着手,重视开展网络素养教育工作,融网络素养教育于专业教育之中,促进网络资源与高校德育资源的整合,打造线上线下优势互补的教学体系,明确开展网络素养教育的时代意义③。谢孝红则认为要完善当代大学生网络素养教育,需要积极发挥大学生的主观能动性,鼓励大学生进行自我学习、自主反思;充分发挥高校和政府在大学生网络素养教育中的引导作用;发挥网络平台在大学生网络素养教育中的辅助作用④。

　　国外学者的研究主要通过对指定人群开展实际调研,对教育现状、网络使用情况等进行研究。例如,安德森在调查了美国 8 所高校 1 300 名在校大学生后得出结论:网络正从方方面面深刻影响美国大学生群体的学习方式和社交方式,应当重视开展网络素养教育。利文斯通和赫尔斯珀关注大学生使用网络的频率,测量大学生网络活动的涵盖范围。他们发现大学生的网络活动范围会因为大学生性别的差异存在群体特殊性。阿特·西尔弗布拉特认为在高校教育过程中,网络扮演着非常重要的角色⑤。网络是大学生获取信息、表达观点、完成学业、人际交往以及娱乐互动的重要平台。高

---

① 肖立新.大学生网络素养及其培育问题研究[D].石家庄:河北师范大学,2012.
② 滕建勇,严运楼,丁卓菁.大学生网络行为状况分析及教育对策[J].思想理论教育,2015(5):81-84.
③ 刘佳茗.大学生网络素养教育研究[D].哈尔滨:中共黑龙江省委党校,2021.
④ 谢孝红.当代大学生网络素养教育研究[D].成都:四川师范大学,2017.
⑤ ART SILVERBLATT. Media literacy in the digital age[M]. New York:Rob Firmer, 2010.

校网络素养教育工作的开展应受到重视,并且要对照着网络的发展上升到新的教育层面。

2) 大学生网络素养教育的实际开展情况

在大学生网络素养的培育过程中,高校的教育发挥着至关重要的作用。可以说,当前大学生网络素养教育的实践主要在高校,高校是开展大学生网络素养教育的主阵地。

不少高校围绕大学生网络素养教育开展了一系列有意义的工作探索,但总体上缺少系统性和规范性,与其在人才培养中的重要性地位还不完全匹配,这主要体现在学校课程设置、师资队伍建设及学生活动组织等方面均有不足。在课程设置方面,大部分高校还没有开设网络素养相关的课程,思想政治公共课一般会涉及网络综合素养的相关内容,但相对较少。新闻、传播专业的课程中一般会包含部分网络素养相关的内容,但其他专业的学生普遍很少接触到有针对性、系统性的网络素养教育内容。在师资队伍建设方面,目前高校中专职的思想政治教育工作者,特别是辅导员和党务工作者,有不少人在运用网络阵地开展思想政治教育方面的意识还不强,同时因自身网络素养不足,他们开展大学生网络素养教育的主动性、积极性以及增加相应的知识能力积累方面都有欠缺。而对于大多数专业教师来说,普遍没有认识到提升大学生网络素养水平的迫切性,缺乏主动关注大学生在网络中的思想动态、行为习惯的自觉性,对于在课程教育中加强大学生网络素养教育的意识较为淡薄。在学生课余的各类社团活动或校园文化活动方面,如何将网络素养教育贯穿其中缺乏顶层设计。

4.1.3 大学生网络素养教育的基本规律

大学生网络素养教育作为一种教育活动,有其自身的特点和规律,只有掌握其基本规律并在具体实践中加以运用,才能真正收到实效。总体上看,大学生网络素养教育具有阶段性、群体性、系统性、一致性、多元性等特点和规律。

1) 阶段性

在年轻人成长的不同阶段,网络素养教育的主体、客体、教育内容和形式等会不断发展变化。小学、初中、高中、大学等不同阶段开展网络素养教育会呈现出较为明显的阶段性规律。

在幼儿园和小学阶段，除了少数课程教育的需要，学生使用网络的场景主要不在学校，因此其网络素养教育的主体主要是父母或共同生活的亲属。可以说，这一阶段父母决定了孩子是否可以使用网络以及如何使用网络。需要注意的是，在这一阶段，与其说孩子使用的是网络，不如说是电子产品，网络的概念一定程度上内化于电子产品，即孩子对藏身于终端的网络的认识是比较少的。出于保护视力的需要以及对不良信息影响的担忧，大多数家长优先考虑的是使用网络的时间问题，而不是如何正确使用网络的问题。

在中学阶段，青少年使用网络的内在需求相比前一阶段大幅提升，对网络本身也会有更加具体的认识，其中既有外在因素也有内在因素的影响。外在因素包括学校对学生的管理有很多方面越来越习惯于通过网络来实现，比如信息发布、活动组织和作业提交等，这使得中学生不得不使用网络；内在因素则包括与同龄人交往交流的需要、了解社会以及探索未知世界的需要等。尽管绝大多数学校不允许学生在校期间使用手机等电子产品，很多家长也会对孩子使用这些电子产品进行管理，但总体而言，作为网络原住民，中学生对网络的使用就和呼吸空气一样自然，如要禁止或者进行一定的限制，需要给孩子们做出充分的说明，并努力取得他们的理解和认同，否则很多父母不得不面对和孩子进行"猫捉老鼠"游戏的困扰。在这个阶段，父母和孩子要共同面对的问题是，使用网络终端类电子产品的合理边界在哪里？要回答好这一问题，学校教师、父母和孩子自身都要有所承担，其中孩子自身的学习成长因素日益变得重要。联合国儿童基金会发布的《2017年世界儿童状况：数字时代的儿童》报告指出，年龄因素在我国未成年人群体中呈现非线性增长，2005年左右出生的未成年人网络素养最高[1]。2005年

---

[1] 王伟军,刘辉,王玮,等.中小学生网络素养及其评价指标体系研究[J].华中师范大学学报(人文社会科学版),2021,60(1)：165-173.

之前出生的孩子的网络素养水平随年龄的增加而递减。这一结果可能受未成年人自我学习能力和网络自身发展的双重影响所致。未成年人通常会随着年龄增长相应提高自我学习能力,网络素养也会随之提高。在这个过程中,移动互联网的发展和手机终端的兴起也发挥了一定的作用①。

　　大学阶段是青年人成长的自由度和主动性大为增加的阶段,也是其成熟度快速增加的阶段,是青年人走上社会走向成人最重要的准备阶段。在这个阶段,网络素养教育内涵的深度和广度相比之前都大为拓展,如果说大学之前的网络对于青年人来说具有更多工具性的色彩,那么大学阶段的网络则意味着一种更为综合的生活方式。此时,大学生面对的问题是如何更好地在网络中生存和发展,其网络素养的形成与自身身心成长、知识积累、人格完善紧密结合在一起,不仅涉及对网络的认识、使用,更涉及以何种态度和方式标示自己在网络世界的存在。在大学期间,不同年级的学生所处的状态也有差别,网络素养教育也具有明显的阶段性特征。当前大学生群体网络素养水平整体较高,但入学新生的网络认知与自我管理能力偏低,新生阶段将成为大学生网络素养形成的关键时期。一方面,"到了大学就轻松了"容易使新生错误地估计大学的学习生活状态,从中学时代的"学业为主,远离网络"到大学时代的"自由冲浪",新生不仅要面对繁重的学习任务,还需调整改变之前的生活习惯,这对个体的网络认知和自我管理能力形成考验。部分学生出于寻求摆脱现实压力的目的,容易沉浸在虚拟的网络社会中。而网络虚拟空间的隐匿性、虚拟性和"无约束性",又使得现实社会道德规范、法律法规的约束力和舆论监督的压力被大大削弱。网络环境和现实社会无形地形成"双重"的道德标准和法律约束力,使部分大学新生在网络虚拟环境中不自觉地降低对自己的要求和约束,导致道德意识和法律意识的淡薄以及责任感的缺失。另一方面,新生正处于世界观、人生观和价值观形成阶段,虽缺乏社会阅历和经验,但思维活跃,对外界事物充满好奇心,极

---

① 田丽,张华麟,李哲哲.学校因素对未成年人网络素养的影响研究[J].信息资源管理学报,2021,11(4):121-132.

易受到外部不良因素的影响,导致他们对纷繁复杂的网络信息缺乏敏锐的辨别力,容易阻碍正常、健康的文化价值观念的形成,对自身网络素养的提升造成一定的冲击①。

2) 群体性

大学生网络素养教育要根据学生不同的群体性特征,制订不同的培养方案,选择不同的教育内容和形式。不同背景的大学生的网络素养水平各不相同,其在网络认识、网络知识储备、网络技能、网络安全防护、网络规范遵守等方面都可能因外在环境和成长经历而存在差异。针对不同群体的特点,网络素养教育也需要有针对性地设置不同目标和内容。有研究表明,大学生的网络素养与其父母的居住情况、学历情况以及自身的性别、年级、年龄等人口统计学因素存在显著的相关关系。

例如,《青少年蓝皮书:中国未成年人互联网运用报告(2021)》的数据显示,2021 年我国 16～19 岁的网民规模为 1.58 亿,未成年人互联网普及率达到 99.2%②。这意味着以往研究者关注的以网络硬件和网络接入为代表的数字鸿沟基本被移动互联网和智能手机的普及所消除。但这并不意味着数字鸿沟的彻底消失,因为在解决了网络硬件和网络接入的硬件问题之后,更迫切需要解决的是软件方面的网络素养差距问题。郑素侠的一项研究表明,在互联网使用行为以及网络素养上,农村留守儿童和城市孩子相比有着较大差异③。这种差异表现在,对于农村留守儿童来说,互联网成为他们的精神保姆,网络沉迷和网络依赖在他们身上特别明显。互联网在农村留守儿童身上发挥的工具性作用非常有限,反而成为他们寄托情感的空间,例如玩游戏、追星这类寻找情感寄托的行为非常普

---

① 黄发友.大学生网络素养培育机制的构建[J].北京邮电大学学报(社会科学版),2013,15(1):27-33.

② 孙晓彤.2021 中国未成年人互联网运用报告:应进一步思考和重构我国"青少年与互联网"之间的关系[EB/OL].(2021-09-30)[2022-09-20].http://news.china.com.cn/2021-09/30/content_77785357.htm.

③ 郑素侠.农村留守儿童的媒介素养教育:参与式行动的视角[J].现代传播(中国传媒大学学报),2013,35(4):125-130.

遍。此外,对农村留守儿童而言,监护人包括隔代监护和同辈监护,很少发挥监护作用。其隔代监护人往往因文化知识非常有限,能力也非常有限;而同辈监护的情况则更糟糕,同辈监护不仅没有起到互相学习、互相帮助的作用,反而延长了他们的互联网使用时间。由此可见,农村地区的学生与城市地区的学生之间的"双重数字鸿沟",会导致农村生源的大学生有更大的面临各种网络风险的可能。因此,高校在开展网络素养教育的过程中,应对农村生源大学生制定更有针对性的教育内容,将更有助于实现对此群体的教育目标。

3) 系统性

大学生网络素养教育既涉及信息、计算机等理工学科的知识和技能,也涉及哲学、法律、思想政治、心理健康等多方面的内容,在教育的过程中也会受到高校管理工作及文化环境的影响,是一个知识面宽、涉及面广的系统工程,因此在网络素养教育的内容、形式等方面都具有明显的系统性特点。

大学生网络素养教育的系统性主要体现在两个方面:一是大学生网络素养的形成和提升需要多学科知识的支撑,各学科知识的组合也不是一成不变的,而是要根据不同大学生网络素养的基础情况、发展阶段和群体特征有针对性地进行调整。比如,计算机技术有关专业的学生,网络软硬件方面的知识就可以安排得少一点;对刚刚进入大学的新生而言,可以将自律性教育和如何合理使用网络结合起来;对来自农村地区的学生,则要拓展和加强其网络应用能力,突破网络的主要功能是娱乐的狭隘认知和习惯等。二是大学生网络素养的形成和提升既有知识和能力的习得,更有品质和素养的养成,二者紧密衔接。如何安排二者的内容,需要系统地考虑,这会对教育的效果产生重要影响。

教育形式的系统性主要源于内容的系统性,系统性的内容只有通过系统性的形式来体现和表达,才能取得更好的教育效果。教育形式的系统性,一方面是指教育形式的多样性,包括课堂上的理论讲授、工作坊式的专题讨论、项目式的实践体验、实地考察等形式;另一方面,对于给定的教育对象,要通过科学的教育形式将确定的教育内容最大限度地内化为教育对象的知和行,这就要根据内容和对象的情况进行综合分析和科学设计,制订出优质的教育方案,充分利用已有的课程、网络、微信公众号、校园网等资源,建立立体化的网络素养教育实践平台体系,构建多维度、多空间的网络素养教育环境,建设常态化、规范化的大学生网络素养专题教育平台,通过为大学生网络素养提升提供课程支持、环境支持和平台支持,从而达到提升大学生网络素养的目的①。

4) 一致性

网络空间是现实世界的延伸和拓展。因此,大学生网络素养教育也是原有大学生思想政治教育的延伸和拓展,虽然其来源和指向皆是网络,但不是凭空而来、离地而生的,恰恰是根植于线下的、现实的思想政治教育。

大学生网络素养教育在教育目标、教育主体、教育内容上都与传统的线下思想政治教育存在较强的一致性和连续性。在教育目标上,网络素养教育的认知、技能、发展和价值四个目标,既是高校网络育人的基本内容和目标,也是高校思想政治教育的重要组成部分。归根结底,一个优秀的大学生,不仅在线下的表现是优秀的,在线上的表现也应该同样是优秀的,线上优秀和线下优秀的表现方式可能不同,但其价值内核应该是一致的、连续的。就教育主体而言,目前高校中很少有从事网络素养教育的专门教师队伍,多数是辅导员、思政课教师、党政管理干部以及少数相关专业的教师。从来源和构成上看,主要以高校从事思想政治工作的人员为主,与高校思想政治教育的主体基本一致。在教育内容方面,不论知识、技能还是价值观等内容都是线下在线上的应用和体现,线上的所有呈现都有线下的基础。因此,在开展大学生网络素养教育的同时,必须要关注大学生在线下的情况并与之有机结合。大多数时候,我们了解学生在线下的情况要多于网上的情况,除非他们的表现超出了某些边界。当然,网络世界是有其独特之处的场

---

① 孙霞.新时代大学生网络素养教育研究[J].计算机教育,2021(5)：149-151.

域,但人还是那个人,将人从现实世界抽象到网络世界,从而希望构造一个与现实世界隔断的网络世界是一个误区。

因此,把握好大学生网络素养教育与思想政治教育的一致性和连续性,可以将网络素养教育路径转化为思想政治教育的新方式方法。网络素养教育给高校思想政治教育提供了更为广阔的天地,大学生可以更加生动形象、具体直观地表达诉求,而教育工作者也可以通过网络媒介充分了解和掌握大学生的思想动态,对其言论给予正确的引导,使思想教育更具针对性、及时性。

5)多元性

在大学生网络素养教育的过程中,高校是最重要的教育主体。与此同时,家庭、社会也会发挥重要作用,教师、家长、同学、朋友、网友都会对学生的知、情、意、行产生影响,最终作用于其网络素养的形成。

例如,家庭是重要的学习场所,承担着教育的功能,家庭对于学生网络素养的培育起着奠基作用。父母的网络素养观念和网络技能素养对于学生的网络认知和网络行为有着重要的引领和示范作用,这种功能是学校教育无法比拟的。根据研究结果,家庭教育与学生网络素养呈正相关关系,家长扮演着网络素养支持者的重要角色。所以家长需充实自身网络与计算机等方面的相关知识,鼓励子女充分利用各种学习资源,并给予子女恰当的教育方式与期望。此外,良好的家校合作有利于学生网络素养教育的开展。大学生网络素养的提升,既离不开学校教育的宏观引领,也离不开家庭教育的协同配合。学校开展网络素养教育是培育大学生网络素养最有效、最直接的途径。学校网络素养教育是一项复杂的系统工程,在学校的正确管理、引导下才能有序进行。加强对学校网络素养教育的领导,对于创建和谐稳定的校园网络文化环境,引导教师网络素养教育增能,促进教师网络素养教育技能精进,培养全面发展的大学生具有重要作用①。

因此,多元化的教育主体需要彼此有机协同和衔接,学校教育、家庭教

① 刘佳.大学生网络素养教育问题与管理对策研究[D].曲阜:曲阜师范大学,2021.

育和社会教育通过相互融合,可以帮助大学生辩证看待媒介内容,客观认识网络世界,完成网络安全的自主性建构。

4.2 大学生网络素养教育的影响要素

随着互联网技术的大范围普及,网络逐渐改变了人们的生活方式,尤其是对更容易接受新事物的大学生而言。但是大学生在熟练使用网络的同时,应当正确地认识网络,自觉遵守网络道德规范,充分发挥网络的积极作用,规避网络的消极影响,形成良好的网络素养。

大学生网络素养教育具有阶段性、群体性、系统性、一致性、多元性等特点,既说明网络素养教育与高校思想政治教育一脉相承、紧密衔接,也说明网络素养教育受到多方面因素的影响。因此,高校在开展大学生网络素养教育的过程中,必须重视个人养成、家庭教育、社会影响等多方面要素的作用。下面主要从学生个体、家庭、高校以及政府、社会及大众氛围四个方面论述大学生网络素养教育的影响要素。

4.2.1 基于学生个体维度的教育影响要素

大学生个人的成长经历、性格特征、基础知识、学习能力等,对于其网络素养的形成具有重要的影响。个体的差异,一方面使得教育的基础和起点不同,另一方面使得教育的接受度和效率不同,其中尤其关键的是个体本身对于网络的理解和认识。例如,中国社会科学院国情调查与大数据研究中心联合社会科学文献出版社发布的《青少年网络素养教育读本》指出,自我认同感较低的孩子、面对压力难以应对的孩子、家庭中缺乏温暖的孩子、生活中缺乏朋友的孩子更易用网过度。网络空间相对比较自由,大学生的思想和行为不会受到和现实生活一样的约束,他们在网络环境中的行为更多地依靠内心的自我约束,很大程度上取决于自己的道德判断和道德选择。在此过程中,诸如儿时的挫折经历、较为封闭的性格特点、对于网络使用的基础知识缺乏、主动性不够的自主学习能力等,都会制约网络素养教育的效果①。

具体而言,在网络素养教育的过程中,大学生个体要充分发挥主观能动性,加强自律意识,增强自我教育、自我学习的能力。

1) 自身的主观能动性

首先大学生要高度重视网络素养教育,有不少学生认为自己在网络世界游刃有余,怎么还需要专门进行学习和教育?通过学习和交流,他们才知道自己原来的想法和做法并不完全正确。其次是要正确对待个体之间的差异,能根据自身的实际情况,积极弥补知识和能力的不足,尤其是正确认识和理解网络。

2) 网络空间的自律意识

较强的自律意识是一个人成熟度的重要标志。在现实世界中,我们需要自律意识,在网络世界就更需要自律意识。因此,大学生要有意识地加强自律意识的培养,能够做到自觉遵守网络环境下的道德规范和行为准则,养成良好的上网习惯,增强网络为自身学习和生活服务的意识,自觉提升网络素养,理性地进行价值判断和价值选择。

3) 网络空间的自我教育能力

使用网络已成为当代大学生的一种生活方式,可以说大学生个体一直处在与网络的交互活动中。大学生碰到问题时不可能都能及时地从老师那里得到答案,这时就要有较强的自我教育、自我学习的能力。大学生要学会在网络环境下理性辨别各种各样的信息,自觉过滤不良信息,提高应用网络解决实际问题的能力,提高在网络空间自我教育的能力和水平,不断提升自身的网络文明素养。

4.2.2　基于家庭维度的教育影响要素

家庭教育也会对大学生的网络素养教育产生显著影响,其潜移默化的示范效应在学生进入学校学习前,以及在学生离校回家后,都会对其网络素

---

① 李淑洁.大学生网络文明素养培育机制研究[D].天津:天津师范大学,2019.

养产生重要的影响作用。家庭深刻地影响着大学生的思想、言语与行为等各方面。家长的关注和指导,是帮助孩子学会有效辨别信息、正确使用网络的最直接、最有效的方法①。中国青少年研究中心的调查显示,95%的青少年主要在家庭场域上网,家长和其他监护人的责任才是最大的。有研究指出,青少年与父母的关系越亲密,在上网注意力管理、网络信息搜索与利用、网络道德方面的表现就越好;而父母越是频繁干预青少年上网活动,青少年在网络素养相关维度上的表现就越差。值得关注的是,新修订的《中华人民共和国未成年人保护法》第七十一条规定,"未成年人的父母或者其他监护人应当提高网络素养,规范自身使用网络的行为,加强对未成年人使用网络行为的引导和监督"。因此,加强未成年人的网络素养教育也是父母的法律义务。此外,良好的家庭氛围对于孩子来说是重要的,它代表着温暖和亲情,父母应充分利用家这个概念,把握好家庭这个教育阵地,对孩子进行有效的教育与引导。

1) 父母对网络生态变化的及时掌握

父母应当高度重视,首先从思想上高度重视孩子的网络素养教育,注意从自身做起,加强自我学习。网络技术的发展日新月异,网络交流交往的模式也随之快速变化,父母只有及时了解和掌握网络世界的变化和孩子使用网络的情况,缩小网络认识的代际鸿沟,才能给予孩子及时和具有针对性的指导和帮助。如果父母自己的网络素养不高,对网络世界知之甚少,又怎么可能很好地帮助孩子呢? 因此,我们要鼓励知识"反哺",共同提升网络素养。

2) 家庭潜移默化的引导作用

家庭教育的优势在于父母与孩子共同生活、朝夕相处,接触时间较多。父母一方面要通过陪伴来改善亲子关系,与孩子一起学习和了解网络,平时多关注孩子的网络生活习惯和言行,从情感和技能两方面增强对孩子上网

---

① 王志贤,贾仕林."95后"大学生网络素养教育评价体系构建与培育机制研究[J].江苏理工学院学报,2016,22(3):117-121.

的引导,引导孩子养成良好的网络行为习惯;另一方面,父母应尊重子女,尽量减少权威式的家庭教育,注意把握与子女的沟通方式和技巧,充分利用家庭特点进行潜移默化地教育与指导,促进其培养良好的网络素养。

3) 家长的言传身教作用

父母应当以身作则,树立良好的网络素养典范,规范自己的上网行为,不在网上散布虚假言论和不良信息,不对网络上的传言进行散播,通过实际行动教导孩子如何正确面对网络文化,鼓励他们在利用网络平台发展自身的同时,为网络文化建设和社会主义文化建设贡献自己的一份力量。

4.2.3 基于高校维度的教育影响要素

高校是开展网络素养教育的主阵地。其中,第一课堂的课程教育、第二课堂的实践教育以及校园环境氛围的熏陶影响都是开展网络素养教育的重要渠道。因此,高校要充分整合学校内部网络素养教育资源,综合运用多种教育形式面向大学生开展系统而有效的网络素养教育。

1) 思想政治教育体系

大学生思想政治教育有系统的工作体系和丰富的工作内容及形式。如何因时因势开展好网络思想政治工作是当前思想政治工作的一个重要课题。毫无疑问,大学生网络素养教育是思想政治工作的一个重要内容,它与既有的思想道德教育、法治教育、心理健康教育等内容既有区别又有联系。这就要求高校在开展大学生思想政治工作时要注重顶层设计,充分发挥高校在思想政治教育工作方面的体系优势,将网络素养教育的内容有机地融入其中,从而系统化、有针对性地培育大学生的网络素养。

2) 网络素养教育专门课程

大学生网络素养教育的内容十分丰富,但是跨度很大,因此开设专门的课程有利于大学生从整体上认识和把握学习的内容。在网络素养教育课程化的同时,对那些还不具备课程化条件的内容或者需要深度学习和研讨的内容,可以通过专题教学、讲座和工作坊等形式进行。例如,对网络依赖等网络环境下的心理问题,除了课程教育之外,还需要和团队建设、个体咨询等方面相结合,渐进式地引导疏通,帮助学生排解内心的困惑,理顺相应的关系,提升其网络素养。

3) 实践育人机制

大学生网络素养教育不仅仅要在课堂中体现,还应当重视实践环节,从课堂内走向课堂外,构建一套多渠道、多形式的网络素养教育模式。运用实践锻炼法的目的是促进理论和实践相结合,做到知行合一,大学生网络素养除了被内化于心之外,还要被外化于行才能真正发挥作用。

4) 校园网络环境

大学生正处于人生成长发展的关键时期,大学的集体生活环境使个体更易受到朋辈的带动和影响。良好的校园网络环境是开展网络素养教育的重要平台和氛围基础,对于提升网络素养教育的成效至关重要。新媒体的快速发展和普及应用,开辟了高校校园文化建设的新领域。要进一步加强校园网络硬件建设,构建校园网络安全体系,加强校园网络管理制度建设,开展各种形式的网络文化专题讲座,组建网络文明素养培育组织、成立大学生网络文明协会等,让大学生加深对网络文明素养的认同感,为大学生网络素养教育提供良好的平台。

5) 专门工作队伍

培养和建设一支高素质、高效率、特别能战斗的网络思想教育队伍,是网络时代做好大学生思想政治教育工作的基础。要依靠高校党政领导干部、专任辅导员、心理辅导教师、校园网管理人员、学生干部共同做好这项工作。通过建设一支政治立场坚定、精通网络应用技术的高素质思政教育工作队伍,进一步加深思想认识、培养其网络意识、增强其工作能力,以适应新时期大学生网络素养教育形势发展的需要。

4.2.4　基于政府、社会及大众氛围维度的教育影响要素

社会环境是大学生网络素养教育过程中的主要影响来源之一。当前,随着网络在全社会的普遍应用,发布信息的主体和渠道不断增加,形形色色的信息涌入网络,存在不少有害信息、不良舆论,再加上监管技术与体制的

缺位,使得这些不良思想和观念极易对大学生产生消极影响。党的二十大报告明确指出"健全网络综合治理体系,推动形成良好网络生态"。这是我们党对加强网络空间治理提出的总体要求。因此,政府、社会及大众应该在不同领域和教育环节中坚持正确的舆论导向,完善相关法律法规,加强对网络环境的监督和管理,通过舆论引导、社会教育和创造实践条件等方式,为大学生网络素养教育营造良好的社会环境和氛围。

1) 普遍的网络文化氛围

建立一套完备的导向机制,包括政策导向和思想舆论导向,对于大学生网络文明素养培育机制的建构发挥着重要作用。建立公开透明的政府信息发布制度,及时公开政务信息,让大学生具备识国情、明社情的信息来源。互联网平台要创新理念,把提升网络素养纳入互联网企业社会责任的范畴。建立多部门共同参与、协调配合的管理模式,综合运用多种手段,营造良好的网络文化氛围,在网络上积极传播正能量,使思想舆论导向朝着积极健康的方向发展。

2) 网络素养相关法律法规

政府要进一步建立并完善针对性强、操作性强的相关网络法律法规和管理制度,对涉及网络信息、网络安全、网络谣言等方面的内容做出明确具体的规定,减少模糊不清、难以实施的情况,使得大学生在网络空间中也能遵守法律法规,规范自己的网络行为,同时也可以运用法律武器保护自己的合法权益。

3) 网络监管队伍

政府通过成立专门的网络管理机构,健全网络管理规章制度,采取一定的行政和技术手段,加强对注册的验证与审核,加强对网络的监督与管理,倡导大学生施行网络文明行为,对反动言论和不良舆论要进行严格过滤,避免极端思想肆意传播和扩散,从而维持正常的网络秩序,营造积极健康的网络环境。培养高效的网络执法工作队伍,做好监督检查等方面的工作,及时清除不良信息,防止其在网络上进行传播,从而不断净化社会网络环境。

大学生网络素养教育是一个复杂的系统工程,包括自律养成、家庭环节、高校教育、政府社会大众等众多方面,要利用舆论、法律以及技术等各种手段,建立一套协调合作机制,全方位共同参与的网络综合管理模式,努力营造一种积极、健康的社会网络环境。

4.3　大学生网络素养教育的效果评价

通过研究大学生网络素养形成规律,明确其影响要素,为开展大学生网络素养教育提供有益经验。与此同时,能够对大学生网络素养教育成效进行及时、准确的评价,则可以为大学生网络素养教育的开展"找准方向"和"及时纠偏"。

4.3.1　评价指标的研究情况

随着互联网技术的发展,网络已经成为人们沟通交流、社会交往、娱乐休闲、消费等社会生活的重要载体和方式。网络素养的内涵也随之进一步拓展,信息素养、媒介素养、计算机素养、数字素养等概念相继出现,而如何对其进行评价,国内外也有不少相关研究。

以信息素养为例。信息素养是指对信息的辨析、加工、运用的能力。国外对此已有较为成熟的评价标准。美国学校图书馆员协会和美国教育传播与技术协会于 1998 年从信息素养、独立学习和社会责任三个方面制定了"面向学生学习的信息素养标准",并明确了学生在技能、态度和品德等方面的要求,为学生信息素养评价的具体实施提供了概念框架和支撑材料。澳大利亚、英国、新加坡等国家也先后制定了本国的学生信息素养评价指标体系和标准,并在部分学校的信息素养教育与评价活动中开展了应用实践。国际教育成就评价协会发布过用于评价国际公民的计算机应用能力与信息素养的《国际计算机与数字素养评估框架》。目前国外关于学生信息素养的评价具有评价取向多元化、评价主体多元性、评价内容动态性、评价体系层次性等显著特征。

关于媒介素养的研究,兴起于 20 世纪 30 年代的英国,在 20 世纪 60—80 年代渐入欧美国家,逐渐形成了将媒介素养作为公民的基本素养之一,媒介教育也成为学校教育的主要课程之一。耿益群等学者认为网络媒介素养与网络素养是交替使用的概念,它们均由媒介素养发展而来,网络素养是特定的网络时代的媒介素养①。网络素养和媒介素养有共通之处,都强调基于网络媒介的获取与选择能力、认知理解能力、辨析评估能力、使用与创造能力。

在以上研究的基础上,也有将信息素养评价和媒介素养评价进行结合的评估方式。例如联合国教科文组织于 2013 年发布的《全球媒介与信息素养评估框架:国家现状与能力》成为世界各国网络信息素养评估的纲领性指导意见。联合国儿童基金会发布的《2017 年世界儿童状况:数字时代的儿童》将网络素养的内涵分解为六个主要因子,分别为信息素养、媒介素养、交往素养、数字素养、公民素养和安全素养。通常对于信息素养、媒介素养的评价可以经过适当的调整后适用于网络素养的评价。

总体上,国内外学者就网络素养教育的评估开展了广泛的研究。相关学者进行的研究包括:运用模糊数学综合评判法、基于 RBF 神经网络算法来研究网络信息素养评价模型与测量指标体系;从网络使用、网络认知、网络参与和网络批判等维度,或者上网技能、网络意识、网络利用能力、网络参与能力以及网络伦理道德等层面来研究网络素养;通过访谈式的研究,了解相关人群对信息环境的感知与理解;提出影响青年人的网络素养由高到低依次为受教育程度、性别、收入和工种等,对网络素养的影响因素进行了探讨,对大学生网络素养教育评价体系、基层政府网络素养评价体系等进行了研究。与国外相比,我国关于网络素养评价指标和标准的相关研究直到 20世纪 90 年代才开始起步,虽然在评估方面存在着评价对象覆盖面小、评价体系欠缺科学性、可操作性低、数据支撑代表性弱、研究结论泛化等问题,但研究的广度和深度日益发展。比如,国内有学者和相关教育组织、机构根据自身研究领域以及国内学生的特点制定了不同的信息素养(网络素养)评价

---

① 耿益群,阮艳.我国网络素养现状及特点分析[J].现代传播(中国传媒大学学报),2013,35(1):122-126.

指标和标准,通过归纳和总结国内外信息素养评价指标的内容与维度,可以将评测指标分为三大类,包括核心测评指标、次核心测评指标和边缘测评指标,如表 4-1 所示。

表 4-1　信息素养(网络素养)评价指标分类

序号	测评指标等级	测　评　指　标
1	核心指标	信息需求、信息源、信息获取、信息识别、信息存储与管理、信息搜索策略、信息交流与利用、信息评价、信息创新、信息道德
2	次核心指标	信息意识、信息组织、信息理解与吸收、信息经济法律与社会、信息的元认知、信息成本收益、信息分享、信息安全
3	边缘指标	信息态度、终身学习、信息监控、公民权利与责任

资料来源:石映辉,彭常玲,吴砥,等. 中小学生信息素养评价指标体系研究[J]. 中国电化教育,2018,379(8):73-77.

　　总的来说,对于网络素养的研究正由理论研究开始转向具体群体的网络素养测量评估,通过评估结论支持相关网络素养的教育实践与推广行动。其中,网络素养评价指标或标准的制定是网络素养评价的重要前提和保证。一般而言,研究网络素养的现状,首先要确定网络素养的评价体系,针对不同的群体,研究者们建立了面向未成年人、农民工、党政干部等人群的测评标准。需要指出的是,对于学生,尤其是大学生的专门网络素养评价指标还处于研究过程中,尚未形成较为一致的评价标准,本章援引的指标评价案例将包括网络素养评价、信息素养评价、媒介素养评价等。

4.3.2　评价指标体系实施案例

　　目前,有不少学者在信息素养、媒介素养和网络素养的评价方面做了积极的探索和研究,虽然针对的群体不同,但对于构建大学生网络素养的评价体系具有很好的借鉴作用。

　　1) 代表性评价体系一:中小学生信息素养评价指标体系构建

通过对国内外不同国家、地区和组织机构提出的信息素养评价指标的详细测评指标进行对比分析和总结,相关学者提出了适用于中小学生的信息素养评价指标体系,包括信息意识与认知、信息科学知识、信息应用与创新、信息道德与法律等4项一级指标,并分解为13项二级指标,具体说明如表4-2所示。

表4-2　信息素养(网络素养)评价指标体系

一级指标	二级指标	对应的测评指标
信息意识与认知	信息敏感性	① 对信息及其发展有敏锐的感受力 ② 对信息具有持久的注意力 ③ 能发现并挖掘信息在学习、生活中的潜力 ④ 具有在信息时代尊重知识和信息、用于创新的理念
	信息应用意识	① 具有及时学习、利用信息及信息工具为学习服务的意识 ② 具有积极利用信息技术并将其视为学习、生活的必要手段之一的意识 ③ 具有积极利用信息技术进行独立学习、终身学习、实现个人发展的意识
	信息保健意识	① 具有自身保健意识和自控力,能避免因不当使用信息技术导致对生理和心理产生不利影响 ② 具有获取和理解健康信息,并运用这些信息维护和促进自身健康的意识 ③ 具有分辨有用与有害信息的意识,能避免去接触网络上的不良信息和有害信息
信息科学知识	信息基础知识	① 了解信息的基础理论知识、方法与原则 ② 了解信息技术的作用、发展历程与未来趋势等 ③ 理解信息化社会对人类的影响
	信息应用知识	① 理解并会使用信息时代读、写、算等新方式(如网络语言、表情文化等) ② 了解信息技术的相关知识(如计算机、网络等相关知识) ③ 会使用与学习和生活相关的信息工具和软件
信息应用与创新	信息的获取与识别	① 能根据自己特定的目的和要求,明确所需信息的种类和程度 ② 了解多种信息检索系统,并使用适当的信息检索技术快速有效地获取所需信息 ③ 能理解、批判性地分析信息及其来源 ④ 能对收集的信息进行鉴别、遴选、分析和判断

续　表

一级指标	二级指标	对应的测评指标
信息应用与创新	信息的存储与管理	① 能根据需要,有效地对信息进行分类、存储和管理 ② 能根据需要,快速有效地提取和使用信息
	信息的加工与处理	① 能结合自身的知识背景,重新组织、加工、整合新旧信息 ② 能在对所掌握的信息从新角度、深层次加工处理的基础上,产生满足自身需要的信息
	信息的发布与交流	① 会使用至少一种信息化交流工具或社交媒体软件 ② 能通过多种途径将信息传递给他人,与他人交流、共享
	信息的评价与创新	① 能根据自身知识对信息进行合理的评价 ② 能欣赏他人发布的成果和作品,并进行有意义的评价 ③ 能对获取的信息进行批判性的思考 ④ 能有效地整合信息,以创造性地解决学习、生活中的问题
信息道德与法律	信息道德	能在获取、利用、加工和传播信息的过程中自觉遵守信息社会中公认的行为规范和道德准则
	信息法律与法规	① 具有正确的人生观、价值观,学习并遵守有关信息使用的法律和法规 ② 了解平等存取信息的重要性,尊重他人知识产权、版权等相关法律法规 ③ 能正确处理信息开发、传播与使用之间的关系
	信息安全	① 了解信息安全常识,积极维护信息安全 ② 能自觉维护社会信息系统的安全性 ③ 能安全、健康地使用各种信息

资料来源:石映辉,彭常玲,吴砥等. 中小学生信息素养评价指标体系研究[J]. 中国电化教育, 2018,379(8):73-77.

2) 代表性评价体系二:中国网民网络素养测量与评估研究

相关学者关于网民网络素养状况指标的设计,主要根据联合国教科文组织颁布的《评估框架》,其中主要包括国家准备和公民社会两层级评估框架结构。在公民社会评估层级中,媒介与信息素养能力标准由三个部分组成:获取与检索、理解与评估、创造与分享。在媒介与信息素养能力测量基体模型中,将这三个部分分别称为:使用要素、评价要素、创新要素,编制成

《中国网民网络素养测量问卷》,如表 4 - 3 所示。

表 4 - 3   中国城市新市民网络素养测量量表因子分析

类　　别	题　　　　项
获取与 检索	① 我会使用电脑 Office 等办公软件 ② 我会用百度、谷歌等工具搜索想要的信息 ③ 我会对各种网络信息进行分类,并提炼有用的信息 ④ 我会用一些网络基本应用,如浏览网页、QQ、微信等 ⑤ 我会收藏网页,并设置为主页 ⑥ 我会使用电脑或手机下载、安装软件 ⑦ 我会处理邮件,传输附件 ⑧ 我会用电脑或手机进行网购 ⑨ 我会用手机查看新闻、天气、交通等信息
理解与 评估	① 我知道任何网络信息与内容中都存在不同观点 ② 我能看懂网络上的信息、视频、内容所传递的含义 ③ 对于网上信息、视频,我知道发布者为什么这么做 ④ 网上看到的文字、视频等内容,我知道制作出来是给谁看的 ⑤ 我知道现在流行的网络用语的含义 ⑥ 我能区分出无用或有害的网络信息、内容 ⑦ 在信息搜集中,我会考虑用哪一种媒介更好 ⑧ 在网上看到恐怖、暴力等内容时,我会关掉不看 ⑨ 对网上不良或不实信息,能提出质疑并辨别 ⑩ 对来路不明的信息、视频等,我会核实信息源和判断其真实性
创造与 分享	① 网上新闻、视频、图片等,我知道是怎样做的 ② 我能对网上的信息、内容进行再编辑、加工并传播 ③ 我能制作或者创造网络文字、视频、图片等内容 ④ 我会用微博、微信、QQ 等来表达自己的想法或观点 ⑤ 我会关注网络热点事件,并发表自己的意见 ⑥ 我看到好多文字或视频,会主动与网上的朋友分享、交流 ⑦ 我会关注大 V 或名人的微博,转发或评论 ⑧ 对网上的不当言论或不良信息,我会去修正并传播正能量 ⑨ 我会通过多种媒介或工具来分享网络信息、内容和知识

资料来源:宋红岩. 中国网民网络素养测量与评估研究:以城市新市民为例[J]. 中国广播电视学刊,2019(9):73 - 76.

评估研究最后将城市新市民网络素养的使用要素、评价要素、创新要素合并进行回归分析,结果显示,网络素养与受访人员的学历水平正相关,与受访人员的年龄、婚恋情况负相关,即年轻的、未婚的,特别是学历比较高的城市新市民的网络素养相对较高。在社会经济学范畴中,网络素养与受访人的月收入正相关,与工作时间负相关,即月收入较高而工作时间又相对比较宽松的城市新市民的网络素养比较高。在上网设备方面,网络素养与受访人使用笔记本电脑、手机、平板电脑正相关,与智能电视的使用负相关,说明平时对笔记本电脑、平板电脑,特别是手机使用越多的城市新市民的网络素养越高。

3) 代表性评价体系三:中学生信息素养评价指标体系的构建

相关学者在参考国内外多个信息素养评价指标体系、《基础教育信息技术课程标准》、信息技术学科核心素养以及 21 世纪技能的基础上,结合社会发展要求和学生发展需求,研究建立了《中学生信息素养评价指标体系》,包括信息知识与技能、媒体与制作、技术与应用、信息认知 4 个一级指标,各一级指标下又设有二级指标,具体内容如表 4-4 所示。

表 4-4　《中学生信息素养评价指标体系》

一级指标	二级指标	指 标 说 明	实　　例
信息知识与技能	获取信息	指导获取信息的一般过程,能够根据需要确定信息需求,选择信息来源,掌握多种信息获取方式,并能根据需要选择合适的方法获取信息	快捷、准确地确定与某一主题相关的关键字,并通过关键字从网站或文件目录中获取与这一主题相关的信息
	评估信息	能够从信息的来源、价值、时效性等方面有效地鉴别和评价信息,通过分析、甄别,筛选出所需信息	通过比较、逻辑推断等方式判断信息是否真实可靠
	利用信息	能够利用信息解决遇到的难题或疑问	使用软件中的"帮助"功能或借助网络搜索引擎解决计算机使用中遇到的问题
	管理信息	知道管理信息的方法,能够处理通过计算机获得的信息,根据需要对信息资源进行有效管理,以便查找和使用	根据需要对文件进行合理分类并存放在不同文件夹,按一定的规范给文件命名

续　表

一级指标	二级指标	指　标　说　明	实　例
媒体与制作	分析媒体	了解媒体的特性、媒体的运作方式以及媒体的传播效果；能分析媒体讯息形成的方式、原因以及媒体讯息的目的	知道流媒体的特点、传输过程以及流媒体系统的组成；能够领悟和读懂媒体所表达和传递的深层含义或观点
	使用媒体	能够带着批判性的观点观看、收听并解读各种媒体讯息，正确使用书籍、广播、电视、网站、论坛等媒体	为掌握某一方面的知识进入相应的主题网站学习
	选择媒体介质	能够利用最有效的媒体表现方式和解释方法，能够为具体的主题选择最恰当的媒体介质	选择合适的媒体呈现信息以满足特定目的，如用饼状图来呈现比例分配，用折线图来呈现变化趋势，用动画图片来阐明系列事件等
	制作媒体作品	知道制作媒体作品的基本过程；了解各种媒体制作工具，并能够利用最恰当的媒体制作工具来制作媒体作品以表达自己的思想观点	运用计算机设计和制作媒体作品以满足特定目的，如设计生日贺卡，制作电子板报，制作介绍自己的网站
	评价媒体作品	根据相关理论对媒体作品从科学性、思想性、技术性、艺术性以及创造性等方面做出恰当的分析和评价	从整体布局是否平衡合理、界面是否美观、网页页面设计是否与网站主题风格一致来评价网站的艺术性效果
技术与应用	信息技术应用	能够合理地运用计算机、平板电脑、学习空间、学习工具、网络工具、社交平台等硬件和软件类的数字技术产品来支持我们的生活、工作、和学习	熟练使用 Office 办公软件；使用电子邮件和即时通信软件开展网络交流，以辅助学习、答疑解惑和拓展生活空间；通过网络社区开展协作学习活动
	信息技术创新	能够将创意或方案转化为有形信息产品或对已有信息产品进行改进或优化等	编辑算法以实现自动筛选或排序；开发出如计时器、闹钟、备忘录等常用小程序，并能推广使用

续　表

一级指标	二级指标	指　标　说　明	实　　例
信息认知	信息意识	能够理解信息技术与人类文明之间的关系,具有积极主动学习信息技术、利用信息技术、参与信息活动的兴趣和态度	乐于并善于利用网络与他人进行学习交流;对新技术充满好奇并有掌握它的意图
	信息思维	能够从信息技术的角度去分析问题、解决问题,如计算思维	能够利用程序设计中的循环结构来解决数学中有规律的累加问题
	信息道德与安全	知道国家有关信息的政策和法律法规,能够依照相应的法律、法规、制度来获取信息、传播信息、应用信息;具有信息安全防护意识,并能掌握基本的信息安全防范手段	尊重知识产权,使用网络及其他媒体上已经发表的文字、图片、影音等资料时会标注来源;养成及时、有效备份的习惯

资料来源:汪雪威. 基于学生发展的中学生信息素养测评研究[D].武汉:华中师范大学,2017.

4.3.3　评价体系的构建原则与量表制定

大学生网络素养教育的研究,大多通过对大学生网络接触的动机和行为、对网络信息的获取和辨析能力、自我管理和自我发展的能力等,对大学生网络素养现状进行考察。相较对媒介素养的测量和评价研究,网络素养的测量和评价体系则缺少系统性,没有信度和效度均得到学界普遍认可的经典量表作为进行实证研究的参考和标准划定。在关于媒介接触的量表制定中,技术接受模型(technology acceptance model)、计划行为理论(theory of planned behavior)等经典理论是量表制定的理论框架和依据,具有较强的稳定性。从媒介素养的获取、分析、评估、创作等维度开展的研究,已经成为媒介素养研究领域学者的共识。而网络素养中的道德规范素养、法律法规意识、网络安全意识、创造性生产与自我发展等内容在媒介素养的测量中并未涉及。目前对于网络素养的测量与评估研究方面,我国学界还处于探索与积累阶段,考察的方法与测量标准尚未统一,学者往往根据研究问题与对象制定特定的量表。

网络素养评价体系主要分为两大类。一类是素养教育质量评价,这类评价与以往教学质量评价相类似,主要考察教学目标、教学内容和教学方法。另一类是网络文明素养行为评价,这类评价与教师和学生的日常综合评测相关。目前我国高校对师生的网络评价体系还处于萌芽阶段,并没有形成比较统一的机制。即便在同一个学校,不同院系之间的综合测评差异也非常明显。综上所述,构建大学生网络素养评价体系可以从以下几个方面出发。

一是建立一套具体的、可量化的评价指标体系。构建大学生网络素养评价指标常用的方法有很多,其中的关键是设计评估的方案,以及制定合适的标准。如何根据这些标准对学生的网络素养水平进行真实而有效的评估,则涉及网络素养评价方法和技术。国外比较成熟且得到认可并广泛使用的是信息素养能力测评量表(TRAILS)以及美国 ETS 研发的 iSkills＋TM 评价系统。随着教育理念的发展,质性评价越来越受到重视,根据对学生作品的评价以及基于真实情景的评价方法也被引入网络素养测评中。有学者对 LISH、LISTA、ERIC 和 CINAHL 四个常用数据库中关于信息素养测评的文献进行了整理分析,得出了 8 种评估方法,按数量由多到少分别为:多项选择、书目分析、问卷测试、自我评价、档案袋、论文、观察及设想。其中,多项选择、书目分析、问卷测试比较简单,容易实施;基于情景的自我评价所需要的条件比较高,实施范围有限;而档案袋的评价设计更为复杂,对评价者的要求也比较高。

二是制定和教育教学实际相适应的评价办法。在网络素养测评方法上,国内目前有依托课程采用考试的方式,并且多以传统的纸质试卷进行测试,操作简单,实施方便,可以实现大范围的测评。评价方法一般包括定量评价、定性评价以及定量定性综合评价。其中,定量评价操作简单,易于实施,可用于大范围测评,适用于区域整体学生信息素养状态的评定;定性评价和定量定性综合评价实施要求较高,其结果受多方面因素的影响,更适合小范围、有条件的情况下使用。近年来,还有学者开始探索基于情景的评价方法、基于档案袋的评价方法以及综合性的模糊评价方法等,包括设计与网络素养核心能力相关的情景进行测评;建立标准化的题库,然后依托相关通识课程,生成相应的档案袋记录,由教师、学生本人和其他同学进行综合评价等。

　　综合以上构建原则,大学生网络素养教育评价应当包括评价指标体系、评价主体、评价办法以及评价结果的运用等。指标体系主要包括体制机制建设、队伍建设、平台阵地建设、教育效果等方面内容。教育效果则应当是以大学生的网络表现为主,也就是用对大学生网民的综合情况来考查高校网络素养教育的效果;评估的主体是高校网络素养教育的实施者;评价办法应当由专家制订评估方案,高校自评、教师自评和专家现场评价相结合;评价结果可以纳入高校文明校园检查、思想政治教育评估,纳入教师考核评优及大学生综合素质评估体系中。在具体操作层面,在参考如贝静红、耿益群、焦晓云、谢孝红、李金城、宋红岩等人的网络素养相关实证研究,以及联合国教科文组织2013 年发布的《全球媒介与信息素养评估框架:国家状况与能力》的基础上,我们就制定指标维度和测量问题项提出一个量表供参考,具体如表 4 - 5 所示。

表 4 - 5　大学生网络素养量表

一级指标	二级指标	题　　　项
网络空间价值观	网络认知	网络已经成为现代人不可或缺的生存与发展方式
		网络对经济、政治、文化等领域都将产生深远的影响
		网络空间是对现实世界真实客观的反映
		网络既有助于我提升,也可能对我造成不良影响
		网络具有公共性,我是其中的一员

续　表

一级指标	二级指标	题　项
网络空间 价值观	网络道德 和法律法 规意识	网络空间不需要也无法用现实世界的伦理道德和法律法规来约束
		网络空间对道德失范、违法犯罪的惩处力度小
		网络空间可以为我所用,无所顾忌
		网络空间需要更加严格的道德和法律来规范
	网络安 全意识	我允许他人或机构从网络上获取我的个人信息
		在网络上和他人交往与在现实中是一样的
		我会拒绝来路不明的软件、转账、链接、邮件、下载等
		我安装并会使用杀毒软件
获取与 选择	网络接 触行为	我使用网络的时间和我学习、社交、业余生活的时间基本同步
		如果没有网络,我感到自己的学习生活非常不便
		当我试图开始做某件事时,我会想到使用网络来帮助我完成
		一旦网络不是我完成某件事所必需的,我会停止使用网络
	网络信 息选择	在信息搜集中,我会根据自己的网络使用目的考虑用哪一种媒介更好
		我能区分出无用或有害的网络信息、内容
		我习惯性接受我经常看的网络媒介上提供的信息
辨析与 评估	网络信 息理解	我能看懂网络上的信息、视频、内容所传递的含义
		网络文字、视频等内容,我知道制作者或者传播者的用意
		我知道网络信息是在陈述事实,或是还表达了观点、情绪或态度
	网络信 息分析	我知道任何网络信息与内容中,都存在着不同的观点
		对网上的各类信息,我能看出其中的劝服性观点
		我对网络信息可以提出质疑、反思和反驳

续　表

一级指标	二级指标	题　项
辨析与评估	网络信息评估	我会对网络信息的真实性、可靠性进行自我判断
		我知道网络信息纷繁复杂,必须谨慎接受和利用
		在使用网络信息前,我会进行多渠道、多角度的核实
		我能够评估网络信息内容对他人或社会可能造成的影响
传播与生产	参与互动	我会参与点赞、评论、打分、投票等互动行为
	参与传播	我会进行转发、转评、引用等二次传播行为
		我会在网络平台传播自己的观点、情绪和态度
	内容生产	对待网上热点话题,我会参与讨论,并提供依据
		我会通过多种媒介或工具来分享网络信息、内容和知识
创作与发展	创作意愿	我尝试用网络媒介、技术和资源来创造新的东西
		我会利用网络技术、平台、资源来进行原创性的创作
	自我发展	网络平台让我的学习方式、生活方式等发生了新的变化
		我到目前为止的成长、成就和发展离不开网络给我的帮助
		如果我能更好地利用网络,我能获得更好的发展

在大学生网络素养评价体系的运用过程中,要充分明确高校对于大学生网络素养评价的主体地位。主体地位显现的标志在于建设网络素养评价的高校领导体制。高校要构建党委统一领导、分管领导负责、部门分工协作以及督导小组检查的三级领导体系,由上至下、统一管理。

首先,在开展网络素养评价前要进行总体规划,将网络素养教育各项规划分别纳入高校总体规划的相应部分,保证网络素养教育得以顺利、有效地推进。网络素养教育总体规划可以大致分为:网络文化建设、网络文化研究、网络道德建设以及网络工作队伍等板块。

其次,要组建专门的工作队伍,组建一支熟悉网络、重视运用网络,具备不断提高运用和驾驭网络的能力,可以牢牢掌握校园网络发展和网络文化建设主导权的工作队伍,是进行网络素养评估及后续教育的关键。这支工作队伍可以分为:网络监督员队伍、网络评议员队伍和网络引导员队伍。

最后,要形成刚性约束的制度体系,通过建立健全与法律法规相协调、与高等教育全面发展相衔接、与师生员工精神文化需求相适应的校园网络文化建设和管理制度体系,保障大学生网络素养评价工作的顺利实施。

第 5 章

大学生网络素养教育的
实施策略和路径

互联网技术自诞生至今的 50 多年里取得了跨越式的发展,它深刻地改变了人类获取信息的方式,不断重塑着人类的生产和生活方式。作为互联网"原住民"的青年大学生群体正成为社会网民中最活跃的群体。加强大学生网络素养教育、提升大学生知网懂网用网水平,既是新时代大学生思想政治教育发展的必然要求,也是引领大学生积极践行社会主义核心价值观,增强中国特色社会主义道路自信、理论自信、制度自信、文化自信,引导大学生成长为新时代社会主义事业的建设者和接班人的重要环节。

5.1 大学生网络素养教育的实施策略

网络素养是大学生综合素养的重要组成,为了更好地开展网络素养教育工作,需要将网络素养教育与育人工作紧密结合①,遵循网络素养教育规律,把握学生用网特点,拓展网络素养教育的实践路径,创新网络素养教育形式,推动网络素养教育融入"三全"育人(全员育人、全过程育人、全方位育人)格局。

在第 4 章中,我们了解了大学生网络素养教育具有阶段性、群体性、系统性、一致性、多元性等特点,同时还需要注重家庭教育、高校培养、社会引领等多方面要素的关系。在设计大学生网络素养教育环节时,要综合考虑多方面影响,制定总体实施策略,在此指导下进一步发掘和完善教育路径。在总体策略上,大学生网络素养教育实践应当注重体系化、科学化、精细化、融合化设计。

5.1.1 体系化

大学生网络素养教育的体系化取决于网络素养教育形成规律及其影响

---

① 叶定剑.当代大学生网络素养核心构成及教育路径探究[J].思想教育研究,2017(1): 97 - 100.

因素。在教育实践上,要运用多种手段和形式,针对不同类型、不同特点的学生群体,采取不同的教育措施。在教育方法上,应当充分结合高校育人模式,借鉴一般专业课程的教育教学编排方式,开发网络素养教育专门课程,编写专门教材,建强师资队伍;也可以考虑在现有课程的基础上进一步补充和完善,加强突出网络素养教育的重要性。在课程安排上,不仅要有理论性、法规性的内容安排,而且应当结合该主题教育的特点,增强操作性、实践性环节设计。在教育实施主体上,大学生网络素养教育具有多主体性,教育者不仅包括教师,更包括家庭成员、网民、朋辈乃至受教育者自身。在教育平台建设上,传统的课堂听讲模式已远不能满足网络素养教育的需求,尤其受疫情影响,在线学习、自主学习正成为当代教育教学的重要一环,因此,建强各类在线教育平台、充分发挥网络资源的作用对开展网络素养教育不可或缺。

5.1.2　科学化

在考察完教育实施的方法、主体和平台后,我们已经明确了建构体系化教育策略的重要性,在此基础上要进一步考虑其科学化。这里的科学化是指综合把握和运用网络素养教育方式方法的科学性,要以抓住网络素养教育主要矛盾为出发点来实施教育,要按照教育发展规律实施教育,教育过程要遵循大学生成长发展规律和互联网技术发展自身规律。开展网络素养教育不能"眉毛胡子一把抓",而应时时刻刻结合网络素养教育的根本特征去考虑和设计教育环节,进而实现网络素养教育的科学化。如以提升"个人网络道德层次"为专题开展教育时,要充分利用传统第一课堂的作用,发挥"灌输论"教育功能,使学生了解符合网络道德的行为方式等;当开展"网络技术应用水平"专题教育时,应当设计更多实践环节,充分运用第二课堂和网络平台,使受教育者"在网"中"知网懂网"。再比如关于网络素养教育的课程内容不能仅仅以理论阐述为主,而应该以丰富的社会和生活案例辅助理论阐释,让学生通过回顾自我体验感知网络素养教育的作用。

5.1.3　精细化

精细化是指在实施网络素养教育时要充分考虑受教育者的网络素养水平,使得教育内容与受教育对象的特征相契合,努力做到"因材施教"。网络素养教育是让被教育者沿着教育者所希望的方向成长和发展,需要立足被教育者的思想实际。每一代人都有自己特殊的成长环境、时代背景及发展际遇,铸就了一代人独特的思想印迹、行为特征及接受特点。根据当代大学生的群体特征,优化网络素养教育的方式方法,使学生养成某种习惯、认同某种价值、践行某种行为,从而达到教育的目的,是适应学生群体特征和接受特点的现实需要。不同成长环境、不同学科背景、不同年龄、不同学段,网络素养教育的方式方法及侧重点均应有所不同。比如,针对不同年级的大学生开展网络素养教育的方式也应有所调整,对于大一新生而言,刚刚脱离中学阶段沉重的课业负担,其对网络的理解和认识仍处于基础阶段,此时应当有针对性地开展系统全面的网络素养教育,而对于高年级学生则可开展有针对性的专题教育。

5.1.4　融合化

融合化是指开展网络素养教育要真正贴近学生群体生活的方方面面,全方位潜移默化地开展网络素养教育。网络的便捷性让当代大学生随时随地可接入互联网,网络素养教育无时无刻不在发挥着重要作用,开展网络素养教育仅仅依靠教师、学校或者学院组织的各类课程和专题教育是远远不够的,应该进一步拓宽教育场景,发挥不同教育主体的作用,营造出时时刻刻人人皆可参与的网络素养教育氛围。结合第二课堂以丰富多彩的活动充实大学生网络素养教育,将网络素养教育作为校园文化建设的重要一环,充分利用校园媒体开展教育,加大力度开展基于社群的朋辈教育,涵养大学生网络慎独能力,提升自我教育能力,进一步推动"家庭—高校—社会"协同教育,多点发力,共同推进网络素养教育融入学生生活。

开展大学生网络素养教育应按照体系化、科学化、精细化、融合化的策略,以第一课堂作为主要抓手,第二课堂精细实施,推动网络平台教育、自我教育和朋辈教育发挥渗透作用,构建"家庭—高校—社会"协同教育格局。课堂教学是学生接受高等教育和专业学习的主要形式,面向全体大学生开设的思想政治理论课是帮助大学生养成正确的世界观、人生观和价值观,落实高校树人根本任务的关键课程,是对大学生进行思想政治教育的主渠道和主阵地,在以思想政治理论课为主体、各类专项通识课程为辅助的第一课堂开展网络素养教育势在必行。当前已有部分高校和学者探索在"思想道德修养与法律基础"课程中融入网络素养教育的内容,或开设"大学生网络素养"选修课程,迈出了开展网络素养教育的第一步。

除了第一课堂,大学生也拥有丰富的课外生活,在大学素质教育的培养模式下,第二课堂逐渐成为学生锻炼综合能力、培养综合素质的重要平台,大学生在第二课堂参与的社会实践、科创竞赛、讲座报告等,不仅是第一课堂理论学习的有力补充,而且更能增进学生的实操能力,因此,应当积极推进在第二课堂开展大学生网络素养教育,以大学生喜闻乐见的形式传递网络素养基本理念,开展各类网络素养教育主题活动、社会实践活动、竞赛与创新创业活动、公益服务活动,营造网络素养教育文化氛围,以文化人,在第二课堂的生动实践中提升当代大学生的网络素养水平。

作为"互联网原住民"的当代大学生群体,网络空间已成为他们学习知识、交流信息、社会交往、休闲娱乐的重要渠道,大学生的在校表现不仅包括学生在第一课堂和第二课堂的线下表现情况,而且越来越多地包括学生在网络空间的综合表现,因此,高校将网络空间开发成为第三课堂以开展网络素养教育十分必要。在大学生日常网络实践中开展网络素养教育,既符合"在网言网",又能增强网络素养教育的针对性和时效性。大学生网络素养教育既要依靠高校教育工作者,也应当充分发挥朋辈教育的作用,依托各类学生组织和社团开展网络素养教育,通过多种方式发动大学生进行自我网络素养教育等。

家庭和社会教育作为必不可少的一环,在大学生网络素养教育中同样发挥着重要的作用。家庭深刻地影响着大学生的思想、言语与行为等,家长的关注和指导,是帮助孩子学会有效辨别信息、正确使用网络的最直接、最有效的方法;社会同样是重要的教育阵地,要利用舆论、法律以及技术等多种手段,建立以政府为主导,多部门、全方位共同参与、协调配合的网络综合管理模式,营造积极、健康的社会网络环境。

5.2　在第一课堂开展大学生网络素养教育

课堂教学是高校人才培养的主渠道、主阵地,开展大学生网络素养教育首先要抓住第一课堂这个根本点。对于大学生而言,课堂学习是获取知识的主要来源,通过课堂学习让学生对网络素养产生系统深入的认识,这是开展网络素养教育的第一步。根据当前高校课程设置模式,依托第一课堂开展大学生网络素养教育的主要思路如下:一是要开发专门课程;二是将培养内容与现有课程深度融合,充分发挥课程思政协同育人的功能。

5.2.1　开发网络素养课程

当前,高校设置的网络素养教育相关主题课程较少,课程设置不够系统科学,课程质量良莠不齐,覆盖学生群体较小。在国家智慧教育公共服务平台(https://www.smartedu.cn/)上,以网络素养、媒介素养、信息素养等为关键词搜索相关课程,所得结果不超过 20 门,多数课程仅涉及网络素养教育的部分专题,课程设置不系统、不全面,且其中部分课程仅对媒体传播等相关专业学生开放,不具备普及性,这显示出高校网络素养教育课程建设仍十分薄弱,需要进一步加强。在这个过程中,可以参考国内相关课程的建设方法。

中山大学开设了"新媒体素养"课程,作为一门通识课程,不需要选修者预先修读相关课程,该课程持续 9 周,每周学习时长为 1~2 个小时。该课程探讨了新媒介环境下网络如何建构世界,以及这种建构对媒介内容、公共舆论、政府决策、公众心理尤其是弱势群体权利的影响,在此基础上,该课程试图探讨公民使用网络进行有效沟通、公共表达、公益动员、社会参与的可能①。

---

① 谢孝红.当代大学生网络素养教育研究[D].成都:四川师范大学,2017.

该课程从传媒视角出发,以小专题形式介绍有关内容,课程大纲清晰,专题设置合理。

四川师范大学开设了"信息素养:效率提升与终身学习的新引擎"课程,以每周1小时、持续18周来安排教学。该课程通过内容的安排和案例的设计,重点解决"提升信息素养""强化探究精神""培养解决问题(包括终身学习在内)能力"3个核心问题。该课程通过丰富的网络资源,运用大量的案例来阐释信息意识、信息知识、信息伦理、信息需求的识别、信息检索、信息获取、信息管理、信息评价、信息应用等信息素养的相关内容,案例内容的选择广泛,贴近实际,具有较强的可操作性。

以上两门课程虽然主题侧重不同,开发角度不同,但在内容上都涉及网络素养的核心构成。"新媒体素养"课程从媒体传播角度出发,内容涉及网络信息甄别能力、个人网络道德和提升网络引导能级等;"信息素养:效率提升与终身学习的新引擎"课程更多的是从技术层面出发,内容涉及网络信息甄别能力、网络技术应用水平、网络使用行为习惯等。以上两门课程也都开发了线上课程,使得课程传播度和覆盖面更广,也都有足够的学习时长,运用了案例教学,设计了课后作业,使得课程设置更为合理、科学。

网络素养课程应当按照体系化、科学化、精细化和融合化的教育策略,注重课程大纲的建设,课程内容应当包括网络素养内涵教育和核心构成教育;在课程编排上应当确保足够的时长,完整全面而又重点突出地呈现网络素养教育全过程;在教学方法上注重理论与实践相结合,充分结合当代大学生学习生活特征,充分利用各类鲜活案例,设计各类实操训练,增强学习效果;在课程呈现上,不仅要建设线下课程,还应加强线上课程建设,提升教育传播度。

5.2.2 加强与现有课程融合,发挥课程思政育人功能

现阶段开展大学生网络素养理论教育,应找准人才培养和网络素养教育的契合点,思想政治理论课是课堂教学主阵地中的前沿阵地。如何科学而合理地将网络素养教育内容融入高校思想政治理论课中是需要着重考虑

的。为此,不仅需要将网络素养知识融入高校思想政治理论课的课程框架体系之中,而且应安排合理的课堂实操训练,以完成网络素养知识向网络行为能力的转换。

一方面,要将基本的网络素养知识融入课堂教学,尤其是思政课的课堂教学。从内容相关度来看,可以从"思想道德修养与法律基础"与"形势与政策"这两门课程中寻找契合点。在"思想道德修养与法律基础"课程中,融入网络行为能力类内容以及网络情感观念类内容。例如,在"创造有价值的人生"部分,可以结合实例给学生讲解网络参与可以创造巨大的价值,作为大学生可以采取哪些途径提升自身网络参与能力,推进网络社会健康有序地发展,创造社会价值①。在"遵守社会公德、维护公共秩序"的部分,可以结合大学生网络情感观念类的内容,培养学生积极、健康的网络价值观念,自我约束网络道德行为。在"形势与政策"课程中设置网络认知理解类的专题,全面讲解网络与国家的关系,说明网络给国家发展和人民生活带来了哪些变化,阐释网络对社会生活的重要价值;同时,客观揭示网络文化的双面影响,说明网络文化的繁荣既为文化成果添砖加瓦,丰富了人民的精神生活,但也具有一定的危害,提醒学生需要通过深入学习去理解网络文化给社会和个人带来的负面影响。此外,还要强调国家安全在网络中遭受的挑战,积极传递以习近平同志为核心的党中央关于网络治理的理念,从而形成由"现象"到"理论"再到"国家宏观层面的网络治理理念"三个不断递进、深化的学习层次,帮助学生深刻理解国家网络治理理念,增强学生做中国好网民的责任感和使命感,自觉提升网络使用能力。

另一方面,结合课堂教学开展实训,提升学生的网络信息辨识能力、网络活动参与能力和利用网络为社会发展服务的能力。信息辨识能力的提升在理论知识的基础之上进行,主要以文字、视频、图片三大专题讨论的方式展开,尤其以带有意识形态性的信息为训练重点。通过循序渐进的练习,让

---

① 杨克平,舒先林.提升大学生网络素养的途径探究[J].思想政治教育研究,2014,30(6):117 - 120.

学生理解信息传递中谬误产生的机理,帮助学生养成良好的分析习惯,学会分析网络信息,理解传播者的传播意图,增强自身的网络信息辨识能力。此外,还可以通过课堂交流的方式,向学生介绍网络信息搜索平台和网络学习平台,激发学生主动探索学习的意图,培养学生主动学习的习惯。例如,安排学生以小组为单位开设、运营网络公众号,通过名称设计、功能设置、内容选择、受众分析、运营策划、推广展示既定任务,引导学生在实践中做到知行合一。

5.3 在第二课堂开展大学生网络素养教育

高校大学生除了在课堂内接受教育外,在课余时间也时刻接受着来自课堂外、书本外的第二课堂的教育熏陶。第二课堂一般指以课堂教学为主的第一课堂之外的促进学生全面发展的有组织的活动总称。它不仅是第一课堂的延伸和拓展,而且是第一课堂的有效补充,二者相互支撑、相互促进、相互融合。相比于教学计划清晰明确、组织形式单一的第一课堂,第二课堂具有更精确的培养目标导向,更广泛、更充实的活动内容,更灵活便利的组织形式,更多样化学科背景的学生参与,更开放的活动场地与时间,更真实的活动体验,以及带给学生更综合全面的能力提升,深受广大高校学生的关注和喜爱[①]。结合第二课堂的主要内容,可以开展网络素养主题活动教育、社会实践教育、科创竞赛教育、志愿公益服务教育,网络素养教育校园文化建设,以及在学生谈心谈话中的网络素养教育。

5.3.1 网络素养教育主题活动

网络素养教育主题活动是指以提升大学生网络素养为主题的教育活动。通常以课外专题讲座和报告、班会、年级大会、党日团日活动等形式举办,主题活动教育通常单次时长较短,但教育覆盖面广,在活动开展时组织

---

① 梅鲜.高校思想政治教育第二课堂建设研究[D].上海:复旦大学,2013.

者需要注意以下几点。

一是理论性。在互联网时代,网络素养是个人综合素养的重要组成。开展网络素养教育的第一步是使大学生系统认识和了解网络素养,学习网络素养基本理论,掌握网络素养基本内涵。这是开展网络素养教育的基础环节,只有在此基础上才能使学生从理论的角度思考网络上发生的各类事件,进而激发大学生就网络素养进行自我审视和自我教育,因此,在开展相关主题活动教育时,应当注意活动内容的理论性。

二是时效性。大学是学生从少年走向成年的阶段,大学四年也是学生自身思想观念、行为习惯的逐渐定型期。其中,大一新生面临从初高中时期枯燥单一、充满压力的学习生活到丰富多彩、自由独立的学习生活的巨大转变[①]。在这个过程中,部分学生表现出过度用网、沉迷游戏等现象,严重者甚至退学。这主要是因为新生还没有形成科学的网络使用习惯。新生阶段是培养大学生网络素养的黄金时期,此时应当注意主题活动教育的时效性,应当重点从低年级本科生抓起。

三是延续性。由于主题活动的时长限制,不能做到网络素养教育的一蹴而就,按照教育的一般规律,应当将主题教育活动按照计划分多次开展。如面向新生重点开展网络适应性教育,培养其良好的网络使用习惯,面向低年级本科生重点开展网络技术应用和网络道德方面教育,面向高年级本科生和研究生重点开展网络引导能力建设教育,使学生循序渐进地接受网络素养教育的各类内容,稳步提升其网络素养。

四是生动性。为了达到良好的教育效果,主题活动教育可采取多种多样的组织形式,如在班会、党团组织生活会上开展网络素养的自我测评,结合学生综合素质测评开展相关的针对性教育,结合近期发生的网络热点问题激发学生的讨论热情。此外,还可以开展专题辩论会,在激辩过程中增进学生对网络热点问题的深入了解;通过读书会、时事研读会的形式,促进学

① 林立涛.全过程育人视阈下大学新生适应性教育探析[J].学校党建与思想教育,2018(24):72 - 73,78.

生网络素养的自我提升。

结合以上四点内容,具体可开展如下的网络素养教育主题活动。

邀请在网络素养教育方面具有资深研究经验的专家学者或在媒体领域具有丰富工作经验的专业人士做讲座,系统介绍网络素养和媒介素养的重要内容、培育目标和意义、网络舆论和网络思潮的形成发展和引导方式,介绍网络素养方面的新理论、新思想、新观点等,提升大学生对网络素养的整体认识。结合安全与法治教育开展预防网络诈骗、校园贷款、网络个人隐私保护、网络普法等主题的教育活动,以提升大学生对网络信息的甄别能力,确保学生在网上的个人信息及财产安全,牢固树立网络素养底线思维。组织学生观看世界互联网大会、世界人工智能大会等,培养大学生对网络技术发展的总体认识。

组织网络素养教育"工作坊",分主题开展各类网络资源使用培训。在学术研究方面,开展如图书馆信息资源检索培训;在日常办公方面,开展如Office、WPS等操作培训;在新闻宣传方面,开展如秀米、Photoshop、AE等宣传软件的使用培训,开展新闻稿撰写技能和摄影技巧培训,综合提高学生的网络技术应用水平,提升学生参与网络引导的能力,同时利用"工作坊"的常态化工作机制,加强与学生的沟通互动,在解疑释惑中加强教育引导。组织开展"健康用网周"、网络素养优秀典型分享会,推广时间管理类网络软件如Forest,推广在线笔记和思维导图软件如有道云笔记、Onenote、印象笔记等,帮助学生提高网络使用效率,培养学生科学的网络使用习惯。通过网络礼仪培训、网络文明用语培训等,提升学生的网络沟通交流本领和网络道德水平。

组织开展网络素养知识辩论赛,在辩论赛中各种观点针锋相对,既是对学生思维能力、研究功底的直观考验,也是对学生表达能力和临场应变能力的考验。同时,辩论赛能有效调动现场观众的参与感,扩大网络素养教育的覆盖面。

5.3.2　网络素养社会实践教育活动

社会实践是大学生了解国情社会、培养综合素质的重要途径。大学生通过社会实践深入社会生活进行观察和体验,往往能收获更深刻和更直观的人生经验,因此网络素养教育的开展也可采用社会实践的形式进行。

组织大学生前往各大媒体的新媒体运营中心、各级政府新闻宣传部门和融媒体中心、公安网警部门、互联网企业等走访参观和实习锻炼,帮助大学生实地了解网络信息产生与传播的过程、不良网络信息的监管方法、网络舆情引导与网络暴力危害、网络犯罪与网络个人隐私保护、网络文化等内容,使学生通过亲身经历感知网络素养的价值所在,培养大学生自觉提升自身及他人网络素养的能力。

组织开展针对当代大学生网络使用习惯、二次元等网络亚文化、游戏沉迷现象的调研活动,指导学生调查当前大学生上网时长与时间规律、下载咨询和使用网络应用情况、网络社交和网络娱乐方式等内容,形成调研报告并做专题答辩与分享,使学生在调研活动中了解当前大学生群体的网络素养现状,学习和掌握网络素养相关知识。

组织开展"互联网＋专业学科"实践类竞赛,促进大学生将移动互联网、云计算、大数据、人工智能等新兴信息技术与专业紧密结合,以点带面形成网络技术运用的辐射效应,提高大学生的网络综合运用与拓展能力。如结合全国赛事"创青春"全国大学生创业计划大赛、中国"互联网＋"大学生创新创业大赛、全国大学生网络安全知识竞赛等举行校院选拔赛,组建优秀学生团队,以互联网应用为主题调研立项,提供实践指导与物质支持开展竞赛训练。依托大学生创新创业训练计划等各类科研训练计划,开设网络素养研究专题,如网络谣言传播规律、网络舆情生成规律等,配备以网络素养、媒介素养等方面专家学者为主的导师团队,科学开展网络素养方面课题研究,促进研究成果转化。

当前学校各类新媒体平台数量繁多,以上海交通大学为例,除了学校、学院的官方公众号外,还建有团委公众号、学联和研究生会公众号、各类社团公众号。此外,部分教师和学生自发建立的新媒体平台,如"辅导员娘亲""夏山自习室"等,也都有很好的运营效果。这既为学生开辟了发声渠道和展示平台,学生群体通过持续运营管理新媒体平台,也增强了组织认同感,增强了品牌建设意识,这对提升学生的网络传播能级、增进网络素养有着显著的推动作用。

马克思深刻地指出,教育者本身是受教育的。网络素养教育的实施主体不仅依靠学校教师队伍,如任课教师、辅导员、班主任等,还可吸纳部分学生群体开展相关教育活动,这样既可以壮大网络素养教育队伍,也可帮助学生教育者进行自我教育。高校可组织成立大学生网络素养教育宣传类社团,不仅可作为在校大学生交流网络素养的平台,还可常态化开展各类网络教育活动,如进入社区、中小学开展网络素养教育志愿宣讲活动,学生志愿者通过备课,不仅能增进对网络素养基本构成、培育路径的理解深度,而且能强化其网络行为的自我约束,增强个体的社会责任感。学生社团还可在高校内开展"健康上网、快乐学习"等主题活动,分享各类提高学习效率的网络软件使用经验,联系社会企业,推动网络素养校企合力育人。学生社团还可作为联系学校和学生的桥梁,组织开展本校学生网络素养调研,定期向学校反馈本校学生网络素养状况,帮助学校相关管理者科学决策。

5.3.3 其他网络素养教育方式

校园文化具有潜移默化的隐性育人功能,将网络素养教育融入校园文化,通过校园环境实现网络素养教育的持续熏陶。在学校生活区宣传栏、布告栏、食堂和宿舍入口处、校园银行等学生密集出入处,张贴预防网络诈骗、警惕校园贷、保护个人网络隐私等网络安全宣传内容的标语和海报,帮助学生树立正确的网络安全观。通过校园广播站、校园电视台、校报、学校微信公众号、微博、抖音等平台,开展网络素养教育宣传,帮助学生鉴别网络谣言、抵制不良价值倾向。在校园无线网连接界面展示大学生文明上网、健康上网守则,做到网络素养教育全方位、常态化开展。将网络素养内容编排成情景话剧、歌曲、微电影、二次元动漫等,以学生乐于接受的形式开展网络素养教育。制作网络素养宣传卡通形象,增强学生了解网络素养的主观能动性。举行校园 APP 设计与创新大赛、校园媒体优秀网文评选、校园好网民评选、网络文化主题征文和演讲比赛等活动①,组织开展大学生网络文化节,做好优秀网络作品的展示宣传,引导学生自觉培养自身网络宣传能力。

与学生谈心谈话是辅导员了解学生基本情况,从而有针对性地开展思想政治教育的重要方法。辅导员应当主动了解学生网络使用情况、网络行为现状,利用日常谈心谈话开展网络素养教育。注意发掘培育符合主流意识形态的学生意见领袖,鼓励其在面对社会和学校热点新闻及事件时积极发声,引导广大学生客观、理性地看待各类问题,避免在网络中过度宣泄负面情绪。

5.3.4　推动大学生网络素养自我教育

著名教育家叶圣陶有句名言:"教是为了不教。"即对受教育者的教育通过自我教育,实现自身认知和能力的内化于心、外化于行。自我教育是大学生思想道德素质形成过程中非常重要的一个环节,是从学生的身心发展需求出发,通过大学生自身的实践和体验,把思想政治教育的客观要求转化为大学生主观发展的意愿和行为。自我教育应与学校教育、社会教育、家庭教育等教育途径合力并举,共同提升大学生的网络素养。大学生网络素养自我教育的第一步应该是客观认识网络,提高网络慎独能力。

慎独是儒家思想对古代中国文人学士修身的为己之学。《大学》中提到:"所谓诚其意者,毋自欺也。如恶恶臭,如好好色,此之谓自谦。故君子必慎其独也。"《礼记·中庸》中提到:"天命之谓性,率性之谓道,修道之谓教。道也者,不可须臾离也,可离非道也。是故君子戒慎乎其所不睹,恐惧乎其所不闻。莫见乎隐,莫显乎微。故君子慎其独也。"慎独精神,是对自律这一概念在精神与道德修养上的升华。它不仅是要通过自律的行为达到功利性层面的发展与提高,更重要的是实现去私立公的入世情怀。网络空间具有开放性、隐匿性、交互性等特性,而网络世界在有社会性结构的同时,却

---

① 蒋广学,张勇,周培京.北京大学网络育人工作的系统思考与探索实践[J].北京教育(德育),2018(11):30-33.

还未建立起完善的社会化道德规范。网络实名制、互联网法律法规还在不断完善的过程中，但网络主体已经出现行为异化、道德失范，沉迷网络游戏、沉迷色情暴力、制造传播网络谣言、人肉搜索、网络骂战等时有发生。这在一定程度上是由于部分网民缺少自主意识，网络和现实人格不一致，无法控制自我情绪和行为，放大低级欲望的同时弱化了为人修身的自我追求。

在网络这一特定环境中，传统儒家思想中的慎独具有非常重要的意义。慎独与青少年网络道德自律、网络道德人格成长具有一定关系。大学生自我网络素养教育，首先需要树立正确的网络空间价值观，借助慎独能力，使得他们即使置身于纷繁复杂的网络环境中，也能具有良好的自我控制能力，有效辨别、筛选信息并做出正确的行为，从而在接触和介入网络的层级外，更好地利用网络进行创造性的生产和发展。

5.4　在网络平台开展大学生网络素养教育

网络第三课堂是开展大学生网络素养教育的重要阵地。本章节将从开发建设网络素养教育专题网站、赋予社交媒体网络宣传教育功能、开拓网络素养线上教学平台三方面展开。

5.4.1　开发建设网络素养教育专题网站

开发和建设网络素养教育专题网站是加强大学生网络素养教育的重要形式，是打造网络素养教育品牌的有效载体。网络素养教育对于大学生的重要性不言而喻，专题网站的建设有利于为大学生提供系统性的知识科普与专栏解读，形成具有展示性、示范性、热点性、集成性的学习网站。

1) 密切结合大学生网络素养教育内容提供知识科普

网络素养包含很多分支领域，不同的领域均有一些基础的概念体系，专题网站应具有整合性的查询和普及功能，以便于大学生就网络素养进行深入研习。比如，大学生要加强网络规则意识，就必须了解基本的网络法律法规，以《中华人民共和国网络安全法》为主体，关联《中华人民共和国刑法》

《中华人民共和国民法通则》《中华人民共和国侵权责任法》等法律中相应的规定,还涉及《互联网新闻信息服务管理规定》《互联网论坛社区服务管理规定》《互联网信息内容管理行政执法程序规定》《互联网用户公众账号信息服务管理规定》《互联网群组信息服务管理规定》等。又如"网络诈骗",含有交易诈骗、兼职诈骗、返利诈骗、金融信用诈骗、盗号诈骗等,相关专题网站应成为大学生网络素养提升的系统化学习平台。

2) 紧跟新闻和时代热点提供生动案例

在"互联网+"时代,关于网络意识形态安全、网络违法行为遏制、网络防范能力提升、网络空间净化的事件越来越多,专题网站可以充分收集大学生经历的真实案例,如校园贷陷阱、高智商犯罪、网络病毒甄别、网络谣言传播、网络意识形态斗争、城乡数字鸿沟等,覆盖大学生网络学习、网络社交、网络购物、网络娱乐等各个方面。案例应以真实的描述、生动的语言,将故事的发生背景、进展情况、当事人的心理动态、最终的结果等详细展现,让大学生从中受到警醒、受到启发,让专题网站汇集素材案例,成为网上百科全书,切实提升大学生的网络素养。

3) 设置专题讨论与咨询区

在大学生知法、懂法、守法,且对网络素养有深刻认识的基础上,提供交流讨论、举一反三的平台,增强网站的用户黏性,并为大学生担负起社会责任、帮助维护社会秩序提供价值引导。实践情况纷繁复杂,这就需要在概念科普、案例理解的同时,提供更具有灵活性的现实帮助。一方面,专题网站的讨论与咨询区可以让遇到网络相关问题的大学生有提出问题、研究问题、解决问题的渠道,全面提高其网络素养意识,有效规范其网络行为;另一方面,不再让大学生因维权途径单一、不了解相关的网络法律法规而选择沉默,可以充分动员起青年人的力量,使其一旦发现网络上的违法违规、不合道德的行为,能及时举报、制止,并给予帮助,使其成为净化网络空间的守护者。

当前,网络素养教育专题网站尚无统一的权威平台,未来可通过相关部门、行业以及高校自建或者联建的方式进行建设,不断更新完善专题网站信息内容,并将专题网站链接于其他相关网站,形成更广的传播覆盖面。

5.4.2　赋予社交媒体的网络素养教育功能

社交媒体已经成为人们生活中必不可少的一部分,微信、微博、短视频等社交媒体平台不断更新迭代,其庞大的用户量和活跃度备受宣传渠道的关注。大学生群体更是使用社交媒体的主力军,因此,运用社交媒体开展网络素养教育是适应传播技术与流量的重要途径。

1) 形成社交媒体传播推广网络素养教育的有效矩阵

当前的社交媒体形态十分丰富,包括即时通信工具(QQ、微信等)、综合社交应用(QQ空间、微信朋友圈、新浪微博等)、垂直社交应用(婚恋社交、社区社交、职场社交等)以及异军突起的短视频应用(抖音、快手等)。在高度流动的现代社会中,社交媒体可以弥合迁移所带来的社会断裂,可以通过移动终端串联大学生的碎片化时间,多元化的社交媒体平台需要通过打造有效的矩阵效应来传播推广网络素养教育。当前,社交媒体上已经建立了一系列的相关账号,比如网络人物大V、政务号、高校号等,但是彼此间相互独立,互联互通性有待加强。在形式上,应当注重现有平台关键信息的整合,筛选培育一批贴近学生实际学习生活的学校、学院、班级、社团的官方社交媒体号,发挥其面向受众的精准性;注重通过微信公众号传递知识技能,通过微博增强学生与社会的联结,利用直播与短视频凸显学习的生动性、趣味性,发挥不同社交媒体形态的优势;注重网络素养分支领域的内容平台建设,通过不同平台的信息互补,增强传播效果。

2) 通过社交媒体持续升级大学生的网络素养认知

社交媒体发端于商业社会的创新变革,在给社会带来便捷的同时,也放大了信息的快餐化与社会追求短期经济效益的特征。社交媒体是一把双刃剑,虽然带来了一些负面影响,但也可以通过适当的引导扩大其正面影响。首先,社交媒体上的信息虽然冗杂,但可以起到"足不出户看世界"的效果。高校可以通过促进社交媒体兴趣小组的建立,帮助大学生发现、培养自己在网络生活之外的兴趣爱好,导流到真实世界的社交与成长,减少"网络成瘾"带来的负面影响,指导学生正确看待网络、使用网络,正确处理自己与网络的关系。其次,社交媒体是"全民信息生产"的平台,大学阶段正是一个人的世界观、人生观、价值观形成的关键时期,高校可鼓励大学生对社会问题进行独立思考,挖掘优秀大学生意见领袖创作原创内容,达到真理越辩越明的效果,并对其他大学生形成良好的示范效应,提高大学生辨别不良信息的能力。最后,要通过社交媒体增强大学生网络安全防范意识,通过国家网络安全宣传周等契机,开展相应的议题设置与分析,履行好"网络把关人"的职责,教育大学生重视互联网时代的个人信息安全及国家安全,普及校园网络监管的各项措施,为社交媒体的安全使用保驾护航。

3) 在社交媒体上涵养网络素养的文化情感

信息是价值的载体。网络信息的快速更迭也在推动着多元价值观的形成。社交媒体的裂变式传播进一步强化了网络中的多元价值结构,对社会的主流价值观产生了消解作用。在社交媒体上涵养网络素养的文化情感是对大学生形成正能量感染的重要方式。首先,要借助家庭与社会力量共同营造良好的网络文化氛围。注重将校园文化建设与素养教育相结合,通过日常活动加强网络文化氛围营造,开展校园网络文化节和网络文化日等品牌节日活动,鼓励大学生和亲朋好友、老师同学一起创作积极向上的网络文化作品,以素养教育先行,创造家校联动的言传身教氛围。其次,借鉴其他高校或组织的经验,利用重要时间和事件节点,提出并倡导"融入·节制·创造"的网络文明观、"自信·自省·自育"的网络教育观、"自主·自律·自新"的网络人生观和"创新·责任·共享"的网络青年观,将网络观念教育贯穿线上线下、课内课外、校内校外等全环境的教育场域[①]。再次,不断丰富网络文化活动形式,如开展多媒体作品比赛、竞技游戏比赛、主题征文比赛等,注重提高大学生的网络应用技能,使大学生在网络参与中提高鉴别力和思考力。最后,可以结合"互联网+政务"模式为大学生提供有效的政治学习平台,提倡通过"学习强国"等知识 APP,帮助大学生学会从"小我"中看

---

① 蒋广学,王志杰,周培京.网络新青年培育与大学生思想政治教育模式创新[J].思想教育研究,
2017(10): 120 - 123.

到"大我",及时消解面对网络娱乐产生的浮躁、茫然、空虚等情绪,将注意力集中在研习国内外的政治形势上,时刻明确所肩负的重要使命和责任,成为关心政治、心系国家发展的新一代青年。

4) 借助社交媒体动员大学生积极的网络参与

大学生既是信息的消费者,也是信息的生产者和传播者。因此,涵养高尚的网络情操,净化网络舆论空间,需要进一步引领大学生发挥示范带头作用,共同参与网络建设。一方面,要求高校能把显性教育与隐性教育相结合,充分了解当代大学生的思维特点和表达偏好,通过大学生喜闻乐见的形式开展网络素养教育,让社交媒体的宣传信息能够体现思想性、知识性、艺术性。另一方面,要求高校持续帮助大学生网民提升网络宣传能力,掌握网络传播规律,既会写有影响力的网文,又会说有号召力的话,自发辟谣、抵制网络失范信息和行为,能引导网民汇集起强大的合力,打造健康的网络生态环境。

5) 在大学生网络社区积极开展朋辈教育

搭建大学生网络社区,优化学生社会交往、公共事务参与的环境和保障机制,引导和支持大学生共同制定并遵守网络素养守则,充分激发大学生的网络主体意识具有较强的现实意义。在个体自我教育的同时,加强网络公共领域公共文化、公共精神和公德的建设,利用互联网开放平等、共建共享的特质,通过团结、合作以实现网络主体的公共利益。通过建立网络社区,实现自我管理、自我服务、自我教育,并对网络社区的建立提出一些设想,例如建立自上而下的党团组织网络社区、自下而上的兴趣爱好类社区;实行实名制的社区管理;培育网络社区评论员专业队伍。即时通信工具微信和QQ、社交媒体微博、知识分享社区知乎等,实际上具备了网络社群的角色内涵,并形成了网络社区,而在高校流行的 BBS 论坛仍能发挥显著的自我教育与朋辈教育功能。以创立于 2000 年的北大未名 BBS 为例。它至今仍是北京大学历史最久、规模最大的学生自主运行的校内信息交流平台,作为"校内信息平台、师生文化社区、网上精神家园"依旧活跃在北大师生中,成为高校网络社区的成功典型之一。

5.4.3　开拓网络素养育线上教学平台

"在线信息素质教育"(Online Information Literacy Instruction)是一个专业术语,指充分利用计算机和网络技术开展基于 Web 的信息素质教育,是针对传统图书馆用户教育而言的。随着网络素质教育的不断发展,逐渐延伸到利用网络教学平台开展在线信息素质教育[①]。相对于第一课堂,网络素养教育线上教学平台可以打破教学活动的时间与空间限制,综合利用文字、图片、音频、视频等多种媒体形式,加强网络虚拟社区的信息记录与反馈;相对于专题网站和社交媒体,可以提供更为专业的教学活动与考核反馈,由学生根据自身需求进行知识技能的定制化学习。

当前,线上的课程学习网站已经比较成熟,如网易云课堂、Coursera、MOOC 等。而目前国际上比较流行的网络教学平台有 WebCT、Blackboard、Angel、Atutor、eCollege、Eledge、Virtual-U 等。其中,WebCT 和 Blackboard 是功能最为完善、使用最为广泛的两大网络教学平台。国内一些公司和高校也在积极开发自己的网络教学平台[②],如龙腾多媒体远程教育系统、清华网络学习平台等。这些教学平台作为综合性的课程在线学习平台,为大学生提供了便捷的课程学习途径,具体到网络素养教育,可从如下方面进一步完善。

1) 推动多部门协同

调动高校图书馆、网络管理中心、宣传部门等相关组织,促进不同高校之间的交流联系,在充分利用现有教学平台的基础上对接资源需求,完善不同网络素养模块的教学内容,有针对性地补充开发适合大学生的网络素养指南和平台。一方面,要求大学生加强对网络技术知识的学习,比如网络视频制作、PS 等,正确认识多媒体技术加工对于信息真实性产生的影响;另一方面,加强对大学生网络心理与行为的价值引导,与高校联合举办专题讲座

---

① 李武,姚红.试析利用网络教学平台开展在线信息素质教育[J].图书情报知识,2004(6): 66 - 69.

② 胡庆,马瑞民,常瑛.高校网络课程建设的思考与实践[J].中国教育技术装备,2013(3): 71 - 72.

等精品教学活动,将技能教育和价值教育相结合。

2) 营造个性化和协作式的线上学习环境

在线上教学平台上,学生可以预先参加网络素养能力测试,根据自己的测试结果和需求定制学习内容,选择自己喜欢的多媒体教学形式,利用Web的非线性呈现方式跳跃性学习。同时,线上教学平台还应该提供同步交流、统计管理等功能,帮助师生检验评估学习效果,并且为大学生的线上网络素养学习留存大数据的记录分析空间。除了"线上课程+互动社区"的模式外,还可以通过在线上教学平台上设立新闻发言人制度、思政课堂分享热点等形式,通过互动讨论引导学生以协作的方式正确、理性看待相关问题。

3) 重视线上教学平台的访问控制机制与版权保护

遵守信息道德是践行网络素养的重要伦理观念和行为规范,大学生在获取线上教学资源时必须合理合法地使用。在管理机制上,线上教学平台应该提供用户认证功能模块,规范师生的使用行为,防止非授权用户对课件的非法使用,便于对线上课程学习进行访客管理记录,做到版权保护与资源共建共享的平衡。

5.5 推动家庭和社会在大学生网络素养教育中发挥作用

高校是开展大学生网络素养教育的主要阵地,但无孔不入的网络连接早已使当代大学生冲破"象牙塔"的边界,大学生虽身在"学校",但其思想和言论早已链接到"社会"的方方面面,各类社会事件在网络上的传播也在时刻影响着大学生的身心健康。家庭是社会的基本单元,也是大学生们的心灵港湾,家庭教育具有独特优势,在网络素养教育方面不可或缺,因此要进一步推动家庭和社会在大学生网络素养教育中发挥作用。

5.5.1 开展家庭网络素养教育

家庭教育是人的一生最早接触的教育,家庭教育对人的塑造有着无可比拟的作用。家庭教育对大学生网络行为和道德规范的形成有基础性作用和先天性优势。高校大学生一般对家庭充满信任,家庭成员可以与他们进行畅通的交流①,向他们讲解有关网络素养的知识、灌输有关网络行为的规范意识。因此,要充分发挥家庭对大学生网络素养培育的良性作用。

1) 提高家长的网络素养教育认知水平

可利用社区学校、居委会等场域,针对家长进行必要的网络素养普及教育,通过亲情感化子女,帮助孩子理性上网,共同抵御网络的不良影响②。家长应尽可能与子女共同了解、使用网络,共同提高网络素养水平。在这个过程中,家长要关注青年群体的网络语言使用情况,了解青年人沟通交流的方式,主动贴近青年群体。

2) 发挥家庭教育优势开展网络素养教育

父母对孩子的生活习惯和行为比较了解,便于对孩子有针对性地进行教育与引导,可以通过创造良好的家庭氛围,与孩子耐心沟通,通过言传身教引导他们利用网络平台发展自我,潜移默化地对孩子产生影响,促进其良好的道德行为与习惯的养成。对家长而言,对孩子的关心和教育是紧密结合在一起的,要时常提醒孩子恪守网络道德、遵纪守法和注意网络安全,要求孩子加强网络行为的自我管理,同时严格监督其网络行为;定期和孩子探讨网络热门事件,引导其逐步认识网络舆情;关注和引导孩子的生活消费,使其树立正确的消费观,教导孩子有效识别和防范网络贷款等网络骗局。

5.5.2　健全社会教育体系

网络素养教育具有长期性,其教育阵地并不仅仅局限于学校,社会也是极其重要的教育阵地。因此,要利用舆论、法律以及技术等各种手段,建立以政府为主导,多部门、全方位共同参与、协调配合的网络综合管理模式,营造积极、健康的社会网络环境。

---

① 刘存地.社会化媒体环境下大学生网络素养培育研究[D].武汉:武汉工程大学,2015.
② 杨克平.论 Web2.0 环境下大学生网络素养培育[J].经济与社会发展,2011,9(5):130-132.

1) 坚持正确舆论导向,加大宣传力度

积极、正面、健康的社会舆论导向对大学生网络素养的形成将会产生潜移默化的作用。因此,社会要加强网络平台建设,及时以正面、主流的意识形态和权威、真实、科学的信息占领网络阵地,以积极、健康的内容掌控社会舆论导向,同时极力抑制不良信息和舆论的生成和传播。同时,建立公开透明、及时有效的政府信息发布制度,及时公开政务和发布相关信息、资讯,让群众及时了解政府行为和事件真相,以免受到恶意信息的蛊惑;成立专门机构或依托街道、社区、社会团体等,通过散发宣传页、组织线下活动等方式,开展社会网络素养宣传教育,特别是开展防范网络诈骗、网络赌博等对人民财产生活造成重大影响的专题宣传。

2) 完善立法,严格执法

政府应在遵循网络发展规律的基础上,从维护国家安全、政权巩固,以及社会稳定和公民身心健康的高度出发,制定相对细化、操作性强的涉及网络基础设施、功能与业务、信息与内容、信息安全等内容的网络管理法律法规,并培养一支高素质的网络执法队伍,使网络管理有法可依、有法必依、违法必究,加大对网络违法违规行为的打击力度。对利用网络传播谣言、恶意造谣,抹黑英雄先烈,造成重大不良影响,引发社会恐慌的行为和言论务必依法追究相关责任。

3) 加强网络监督管理

为加强对网络信息和网络文化的管理和监督,净化网络环境,政府应采取行政手段、技术手段正本清源。一是政府和社会机构、组织等要形成联动机制,充分发挥政府的组织协调功能,支持、引导制定行业规范,实现行业的自我约束,共同净化网络环境,使人们健康上网、文明上网和安全上网。二是充分利用技术手段实现违法网络言论与不法网络行为的监督、清查,使社会逐步建立网络并非无禁区,网络匿名同样要遵守社会道德的共识。当前,微博、抖音等新媒体平台纷纷推出 IP 地址功能,封控了部分"僵尸"号、"机器人"账号,有效遏制了部分群体发布虚假信息的行为。这是网络监管走向正规化、常态化的有力举措。

第 6 章
大学生网络素养教育案例设计

在了解大学生网络素养教育内涵、目标、影响因素等内容的基础上,为更好地辅助相关工作者开展网络素养教育,本章遴选设计了几个典型案例,以供参考。

6.1 提升网络信息甄别能力——以识别网络谣言为例

以互联网为代表的新媒体的普及,改变了信息生产、加工和传播的方式及渠道,进而改变着人们的认知、思考、表达和交流模式。截至 2022 年 6 月,我国网民规模为 10.51 亿,互联网普及率达 74.4%[①]。据统计,仅 2022 年 4 月,全国各级网络举报部门受理的举报就有 1 602.9 万件[②]。由中央网信办违法和不良信息举报中心主办、新华网承办的中国互联网联合辟谣平台,每月发布辟谣榜,打击网络谣言。伴随着互联网发展而成长起来的当代大学生,具备一定的网络素养,具有一定的网络信息甄别能力。但随着时代的发展,网上的信息纷繁芜杂,真假信息相互交融,虚假信息的隐匿性也越来越强,对大学生网络信息甄别能力提出了更高的要求。

6.1.1 网络案例

2023 年 1 月,一张落款为哈尔滨工程大学本科学院的"通知"截图流传至网络。该"通知"称,哈尔滨工程大学 11 号楼地下有数门"超电磁炮",甚至还疑似存在大量"高浓缩铀-235 原料",放射性极强,需对 11 号

---

① 中国互联网络信息中心发布第 50 次《中国互联网络发展状况统计报告》[J].国家图书馆学刊,2022,31(5):12.

② 中国网信网.2022 年 4 月全国受理网络违法和不良信息举报 1602.9 万件[EB/OL].(2022-05-18)[2022-10-31]. http://www.cac.gov.cn/2022-05/18/c_1654486479793333.htm.

楼进行封闭处理。1月31日,哈尔滨工程大学官方微博对此回应称,网传通知为虚假信息,学校未发生相关事件,也未发出相关通知,该截图是伪造的①。在哈尔滨工程大学发布正式声明之后,该事件舆论得到了有效的控制。

大学生作为网民中的重要群体,是网络谣言的主要接触者和受害者,更是抗击网络谣言的关键力量。如何提升大学生对网络谣言的识别能力,引导大学生不信谣、不传谣、不造谣,帮助大学生识别大是大非,克服心理恐慌,坚定正确价值观念,提高行为选择能力,助力大学生安全健康成长,是大学生思想政治教育面临的重要课题。

6.1.2 问题分析

"造谣一张嘴,辟谣跑断腿。"要探寻教育大学生识别并抗击网络谣言的思路方法,必须进一步明确网络谣言的概念及传播机制。

1)网络谣言的概念

在古代,谣言往往指的是"民间广为流传的歌谣或谚语,它们主要用于评议时政,展现社情民意"②。谣言以"歌谣"或者"谚语"等形式出现,它具有简洁好记、朗朗上口的特点,方便大家传播。但随着社会的发展,谣言的本质意蕴就发生了改变。有学者将其定义为"在社会中出现并流传的未经官方公开证实或者已经被官方所辟谣的信息"③。网络谣言并未脱离谣言的基本属性,只是借助互联网这一平台,通过各类新媒体应用,具备了许多新的特点,比如传播速度快、传播范围广、谣言类型众多、迷惑性更强、持续时间长等。从谣言的概念来看网络谣言的概念,可知它具有两面性,一方面,网络谣言作为虚假信息而存在,它是传播者借助互联网这一载体而有意

---

① 哈工程教学楼地下有数门"超电磁炮"?[EB/OL].(2023-02-01)[2023-02-01].https://www.piyao.org.cn/20230201/f8ad54eb0700449e8d1feae43b6c51a8/c.html.

② 商务印书馆编辑部.辞源·第四册[M].北京:商务印书馆,1983:2913.

③ 让·诺埃尔·卡普费雷.谣言:世界最古老的传媒[M].郑若麟,边芹,译.上海:上海人民出版社,2008:15.

或者无意传播开来的虚假、错误或者荒谬的非官方信息；另一方面，网络谣言作为大众社会心理的扭曲变化的反映，"是社会环境投射的影子，谣言幽灵般地以合情合理者的身份出现"①。

2）网络谣言传播的机制

奥尔波特曾指出，"谣言的产生与传播有三个条件，信息的缺乏、不安和忧虑以及危机"②。而制造以及传播网络谣言者的动机也各有特点。其中最为恶劣者当属某些别有用心的社会团体。目前，国际国内环境深刻变化，各种问题叠加，部分网民出于发泄不安与焦虑情绪的目的，在网上发布或者传播谣言；还有一部分网民甚至是某些不良媒体为了追求关注度，刻意发布、传播网络谣言；此外，还有部分网民则是片面了解了某一事件后，出于"正义感""道德心""同理心"等个人情感因素无心散播了谣言。总的来看，网络谣言以传播为主要目的，也会通过调动网友的情绪传播相关谣言，具有"产生于情绪，作用于情绪"的特点。某些谣言通过调动网友的惊恐、愤怒等不安情绪，实现谣言的进一步扩散。

6.1.3　教育思路

教育工作者的教育目标在于让大学生提高自己的思考和辨别能力，用理性的态度和批判的眼光审视与理解网络信息，学会甄别网络信息。一要理性平和，不急于表态或推动传播。谣言的煽动性容易让人情绪化，不经思考就做出判断。这时候，冷静一下，让"子弹"飞一会儿，以客观的视角来分析看待问题，等待官方的权威通报再表态。二要冷静分析，学会信息溯源。对于网络上的敏感话题能进行客观分析，在刚发现时，学会冷静分析，对相关消息进行溯源，查找信息来源，对来源信息进行甄别，通过多方信息来源验证信息的真实性。三要仔细甄别，对相关传言的要素进行分析。很多网友会发表"不知实情不予置评"的观点，这是理智的行为。对于热点事件，由

---

① 佛朗索瓦丝·勒莫.黑寡妇：谣言的示意及传播[M].唐家龙，译.北京：商务印书馆，1998：25.
② 奥尔波特.谣言心理学[M].刘水平，梁元元，黄鹏，译.沈阳：辽宁教育出版社，2003：17.

于信息量过大也会造成关注度有所下降。对于热点事件,要学会分析事件的要素,分析传播情况与传播目的,分析是否以宣传或牟利为目的,通过要素分析事件的真伪。

在实践中,一方面要通过线下培训、讲座、线上公开课、公众号推送等方式对网络谣言的特点及应对方式进行介绍,让大学生们能够充分了解网络谣言,从而理性认知网络信息;另一方面可以建立学校层面的辟谣专栏,通过持续不断地给大学生传播辟谣信息来普及相关知识,及时公布事件真相、谣言查处情况等信息,鼓励大学生们积极参与互动,对网络谣言进行举报,通过参与性求证与解读的方式,增加辟谣主体,缩短辟谣周期,扩大辟谣报道的正向效果。

6.1.4 教育案例

大学生识别网络谣言培训方案

一、培训主题

"谣言止于智者"——大学生该如何识谣、辟谣

二、培训目标

1. 了解网络谣言的基本概念及传播机制。

2. 掌握识别网络谣言的基本方法。

3. 提升理性网络认知能力,养成对网络信息主动选择和判断的习惯。

三、培训对象

××学校××学院学生

四、培训内容

1. 情景导入,揭示主题

培训教师引导性提问:同学们,你们有没有遇到过网络谣言? 你们知道网络谣言有什么特征吗? 请学生自由回答,发表自己的见解。

2. 案例分析,总结规律

培训教师通过典型的案例教学,引导学生归纳总结网络谣言的基本特征,并讲解如何甄别网络信息的真伪,引导学生自主识别网络谣言。

3. 理论教学,阐释概念

培训教师讲解网络谣言的基本概念及传播机制,并介绍甄别网络信息的方法。

4. 实践练习,识别谣言

培训教师给出一些微博或者微信上的网络信息,引导同学们自主溯源,辨析信息的真伪,并建立网络辟谣群,引导学生积极参与互动。

五、课后总结

同学们,通过今天的网络谣言识别主题培训,相信大家对网络谣言有了一定的了解,并掌握了一定的识谣方法。在今后的学习生活中,希望大家能够用好今天所学到的知识,理性看待网络信息,在不信谣、不传谣的同时,也要积极做好辟谣工作,帮助身边人看清谣言,做一名具有正能量的新时代网民!

6.1.5　小结

作为虚假信息,网络谣言反映了大众社会心理的扭曲变化,其传播方式也随着新媒体的发展而不断多样化,制造以及传播网络谣言者的动机也各有特点,谣言传播过程迅速且参与传播层次多样。"谣言止于智者",大学生要提高自身的网络谣言识别能力,做到不信谣、不传谣,同时在识别出谣言后更要积极辟谣,引导身边人共同抵制虚假信息。

6.2　提升网络安全意识——以提防网络诈骗为例

网络的普及极大地便利了人们的生活,使人们足不出户就能获取大量信息,却也使风险离人们更近,尤其是频发的网络安全问题,极大地危害到了人们的人身和财产安全。近年来,大学生网络安全事件屡屡发生。据统计,目前电信网络诈骗案件已经成为所有刑事犯罪之最,每年均有巨额财产流向境外诈骗团伙,危害相当严重①。2021年,电信网络诈骗案件受害人40岁以下

---

① 孙建光.浅谈当前形势下电信网络诈骗犯罪治理[J].信息网络安全,2021(S1):30-33.

的年轻人所占比例高达 79%，年轻人是电信网络诈骗最主要的受害群体；其中 20 岁左右的群体，多为在校学生或刚步入社会的年轻人①。随着互联网技术的不断发展，网络诈骗的手段层出不穷，网上用户的个人信息被不法分子加以利用，会给个人的人身安全带来巨大威胁。近年来，大学生群体遭受网络诈骗的事件频频发生，引起人们的广泛关注。尽管各个高校都会采取一些措施预防此类事件的再次发生，但是大学生被骗事件仍不断出现。

6.2.1　网络案例

某校大学生小 B 在咸鱼平台上出售王者荣耀游戏账号，标价 6 000 元。骗子看到售卖信息后便留言要求添加 QQ 私聊，并表示在咸鱼平台交流会被封控，小 B 便添加了对方 QQ 进行交流，后对方称已经下单并向小 B 的 QQ 邮箱发送交易二维码。小 B 扫描二维码后弹出交流对话框，对方表示小 B 是平台新手，必须缴纳定金才能完成交易，小 B 便按照对方要求制作了 600 元的支付红包二维码，对方扫描后收走 600 元红包。随后骗子又称小 B 信誉值不够，要求充值才能出售游戏账号。小 B 轻信对方，先后向对方提供的银行账户转入 2 000 元、3 000 元和 4 000 元。在被继续要求转账后小 B 才意识到被骗，赶忙报警。

在网络的掩护下，不法分子通过网络利用虚假身份靠近大学生，进行各种手段的诈骗。高校作为大学生学习知识、增长本领的场所，必须对网络诈骗行为进行干预和防范。

6.2.2　问题分析

大学生作为紧随时代潮流的群体，其日常生活与网络息息相关。但不少大学生缺少防范意识，一不留神就会落入网络诈骗分子所设的陷阱中。因此了解网络诈骗特点及大学生受骗的原因是进行网络诈骗预防教育的必

---

① 干货满满！《2021 年电信网络诈骗治理研究报告》来啦！［EB/OL］.（2022-02-23）［2022-10-31］. https://www.thepaper.cn/newsDetail_forward_16819377.

要前提。

1）网络诈骗的特点

网络诈骗的方法相对简单，学习成本低。多数网络诈骗不需要很复杂的操作步骤或者技巧，只需要稍微懂一些网络和营销方面的知识，即可实施诈骗，这也是现在网络诈骗频发的原因之一。此外，网络诈骗形式随着现代科技的不断发展也在实时更新。5G和人工智能技术的出现，更使得诈骗分子有了最新型的诈骗手段。比如"嗅探"攻击技术就是其中一种，攻击者可以使用应用程序、网络以及主机级别的硬件设备，通过执行嗅探，以读取或截获任何网络数据包中的文本信息。这种新的网络诈骗形式在受害者即使没有做任何操作的情况，就让其银行卡被洗劫一空。与此同时，网络诈骗涉及的地域极广。网络的隐蔽性、虚拟性、可伪装性极高，诈骗分子利用虚拟网络作案时，公安机关对其真实身份和真实地点很难把握，不确定性极强，并且网络诈骗分子经常隐藏于多地，很难破案。

2）大学生被网络诈骗的原因分析

虽然网络诈骗分子的攻击手段狡诈，但大学生在处理网络信息时缺乏基本的防范意识也是让骗子有机可乘的原因之一。对信息的判断能力不足，在面对一些来源不明的消息时盲目信从，比如本例中的小B同学就是完全听从骗子的说法，没有意识到向陌生人转账是极具风险的行为。同时，现在的大学生多数在中小学阶段接受的网络信息教育仅限于基础的信息技术，网络安全教育还未作为重要内容纳入其中，对网络中可能存在的诈骗方式更是知之甚少。再者，多数网络诈骗分子还利用了大学生面对诱惑时的不当心理，比如有的诈骗手段利用受害者的侥幸心理，受害者在第一次获得"报酬"后放松了警惕，认为自己"幸运又聪明"地找到了快捷的赚钱方式；再比如逐利心理，在"拜金主义"等不良心理和风气的影响下，没有任何收入来源却想要拥有金钱的大学生在看到一些"简便易操作"的兼职招聘广告时，很容易误入歧途。

当然，互联网安全监管不全面也是重要原因。互联网用户鱼龙混杂，很多平台对用户的限制较少，使不法分子和高校学生之间缺少可靠的保护层。正像前文所述，互联网自身依赖的技术和简单的操作方式，使网络犯罪显示出犯罪区域不大、犯罪成本低、易操作、隐蔽性强和不易防备的特点①,使不法分子有机可乘。

6.2.3 教育思路

针对网络诈骗的特点及大学生受骗的原因分析,教育者的教育目标在于以网络信息安全意识教育为切入点,使大学生就各种可能对自己及他人造成损害的情况保持戒备和警觉状态,确保自身或他人安全使用网络,进而从价值观层面进一步强化大学生的网络安全意识。

1) 提高思想认识

伴随经济的迅速发展,人们的物质生活水平得到极大提高,拜金主义以奢靡之风、享乐之风的崭新姿态渗透到社会的各个领域,在这种社会思潮的影响下,部分大学生形成物质至上的择偶观,滋生享乐主义的人生观、奢侈虚荣的消费观和投机取巧的荣誉观,正是这样错误的价值观给了不法分子乘虚而入的机会。对于涉世未深的大学生,高校在进行大学生网络安全教育的同时,也要注重加强价值观教育,强化大学生的自我教育,提升甄别能力、批判能力、自律能力,增强抵御拜金主义的决心和勇气,通过教育引导培养大学生艰苦奋斗的观念,帮助大学生树立正确的世界观、人生观和价值观。

2) 提高自身素养

学校在提升学生专业知识储备和实践技能的同时,也需要通过思想政治教育培养和提升学生的心理素质和外界抵御能力,不断提升学生的综合素质。而大学生网络安全教育也应在其中,教育工作者要将网络诈骗安全教育融入学生的思想政治教育当中。比如,将网络诈骗类型、诈骗形式以及案件等相关内容融入学生的思政课堂当中,以创新的教学方式和思政教育蕴含的育人价值来达到提升网络安全教育的效果,从而促使学生对网络诈骗有更加客观全面的了解与认知的目的,提高学生对虚拟网络诈骗辨别的

---

① 王明辉,郑晋维,何佳利.新时代高校网络安全面临的挑战及建设路径[J].学校党建与思想教育,2018(19):88-90.

能力和风险防范意识。

3）增强法律意识

法律是维护个人权益最重要的途径。然而,部分学生在遇到诈骗的情况下一般会选择不告诉家人也不报警,担心被父母责骂或被同学嘲笑,最终选择自认倒霉。这也正是因为对法律不够了解,不懂得使用法律来维护自己的权益。高校要加强法治教育,帮助这些大学生树立维权意识,用法律武器保护自己的合法权益。

具体的法治教育方式则有多种,一方面可以利用各种新媒体平台对大学生进行反诈宣传教育。比如由教育、网信等部门与高校联合开展反诈宣传教育,及时传达教育系统出现的诈骗犯罪新情况、新趋势;邀请反诈宣传民警进校园,通过案例讲解、播放视频等方式,开展风险预警类宣传教育;联合社区开展互助类反诈宣传教育,邀请大学生志愿者深入社区开展反诈宣传教育活动,使其在实践活动中增强反诈意识。另一方面,可以通过新生教育、主题班会、党团活动、专题讲座等形式,向大学生强调日常生活和社会交往活动中可能面临的人身、财产安全风险,由高校学生管理部门与学生社团共同开展自查自纠类活动,及时发现风险隐患,形成齐抓共管的反诈闭环,让防骗意识入脑入心,在大学生群体中营造良好的反诈氛围。

6.2.4 教育案例

上海高校组建"反诈小分队"①

为了更好地将反诈知识推送给学生,提高反诈宣传效率,实现反诈宣传无死角、全覆盖,小区反诈宣传民警和上海某高校保卫处联合组建了一支由高校寝室长组成的安全宣传员队伍。包含近2000人的寝室长队伍在民警及学校保卫处、辅导员老师的牵头下,定期接受培训,主动将民警发至群内的最新反诈知识和相关宣传案例在院系内尤其是各寝室内部开展推送及宣传,且每周在微信群内上传工作照进行"打卡"。

---

① 秦帅.做好大学生反诈宣传教育工作刻不容缓[J].中国防伪报道,2021(11):61-62.

作为寝室长和安全宣传员,他们的主要任务就是将宣传群里发布的反诈案例和信息传递给自己的舍友。打卡分为线上和线下两种。线上打卡要求同寝室室友在微信群里发布一段阅读后的心得体会,由寝室长将聊天记录截屏发到安全宣传员的工作群中;线下打卡则要求寝室所有学生聚在一起阅读反诈内容并拍照发送。

除了让寝室长宣传的机制外,在每年新生入学前,大学城派出所会提前印发致广大学生反诈骗的一封信,并在学工系统的网上注册环节中,设置一套"反诈必答测试题",确保新生群体全覆盖;在学生集中的校门口、宿舍楼、食堂、图书馆、教学楼等地发传单、贴海报、摆摊位、开讲座、不间断播放反诈宣传视频;每学期还会举行安全防范"线上答题赢取小点心"的活动。反诈防骗不再是形式上的走秀过场。据介绍,自2022年初以来,该校内的电信网络诈骗发案率已大幅下降。

6.2.5 小结

网络诈骗具有方法简单、学习成本低、形式不断更新、涉及地域极广等特点。而大学生被网络诈骗的内在原因主要在于缺乏基本的防范意识,面对诱惑时存在不当心理等;外在原因则有网络安全教育不足、互联网安全监管不全面等方面。因此,加强大学生自身的风险防范意识是当前高校预防网络诈骗的关键,高校要充分发挥思想政治教育的育人作用,将网络安全教育融入高校思想政治教育当中,从思想方面提高学生的防范意识;同时也要将网络安全教育融入校园文化建设,营造校园反诈氛围;最后要加强大学生的价值观教育,通过教育引导培养大学生艰苦奋斗的观念,抵御拜金主义,帮助大学生树立正确的世界观、人生观和价值观。

6.3 养成良好网络使用行为习惯——以拒绝网络泛娱乐化为例

中国青年网的调查数据显示,超四成学生每天上网超过5小时,超八成学生上网主要是沉浸在社交软件中①。以抖音为例,作为最受大学生喜爱的视频平台之一,抖音目前在校大学生用户数已超 2 600 万,占全国在校大学生总数的近 80%②。娱乐是大学生活中不可缺少的重要组成部分。高校大学生乐于接受新鲜事物,但有时娱乐会超过一定的限度,当前网络娱乐的形式、内容及功能被肆意扩大化,出现娱乐泛化的倾向,"娱乐"冲破自身特定的叙事边界,以"狂欢"之名颠覆或重塑各领域的主流价值形态。正如美国学者波兹曼在《娱乐至死》中指明的,"一切公众话语都日渐以娱乐的方式出现,并成为一种文化精神"③。因此,不少深陷网络泛娱乐化的大学生拒斥严肃理性的政治话语,反而大力追捧、传播甚至制造那些戏谑、恶搞、调侃、吐槽各类话题的网络段子。

6.3.1 网络案例

近些年随着高校招生竞争越来越激烈,招生海报的娱乐化程度也愈演愈烈。2020 年 7 月,西安某学院官方微博发布了一张招生海报,风格配色被指类似色情网站,进而引发关注。随后,学校发表致歉声明,称学校官方微博借鉴高校圈较为流行的"广告体"宣传方式发布了一张招生海报,本意是想通过大学生喜闻乐见的方式调节考生查分的紧张心情,却因部分用词口语化而被恶意曲解,引发网友误解④。

在狂欢特质鲜明的网络泛娱乐化浪潮的裹挟下,不少大学生自缚于"被定制"的"娱乐茧房",追捧"万事皆可娱乐"的解构主义叙事。新时代如何培养大学生良好的网络使用习惯,抵制网络泛娱乐化倾向,值得我们深思。

6.3.2 问题分析

娱乐是大学生活中不可缺少的重要组成部分。大学生适当的娱乐放松

---

① 共青团中央.大学生手机上网调查:超四成每天上网超 5 小时[EB/OL].(2019-10-18)[2022-10-31]. https://baijiahao.baidu.com/s?id=1647885681345401753&wfr=spider&for=pc.

② 抖音发布首份大学生数据报告 大学生创作视频播放量超 311 万亿次[EB/OL].(2021-01-26)[2022-10-31]. https://mp.weixin.qq.com/s/XR4TmTBCGt0Xyzw_EyQzZg?.

③ 尼尔·波兹曼.娱乐至死[M].章艳,译.北京:中信出版社,2015.

④ 陈广江.高校招生海报"翻车",不能怪网友恶意曲解[EB/OL].(2020-07-27)[2022-10-31]. https://guancha.gmw.cn/2020-07/27/content_34032591.htm.

身心是有益的,但娱乐超过一定的限度就会出现泛娱乐化等不良现象。为了更好地帮助学生抵制网络泛娱乐化,养成良好的网络使用习惯,首先要了解网络泛娱乐化的概念及危害。

1) 网络泛娱乐化的概念

泛娱乐化现象是以享乐和欲望为思想内核的消费主义及拜金主义的体现,包含享乐主义、消费主义、功利主义思想。首先它推崇"一切皆可娱乐"的价值理念。"娱乐"本是"使人快乐消遣或快乐有趣的活动",是"没有外在功利目的"的①。然而,在资本的驱动下,娱乐不仅突破了原有的界限,扩展到人们生活的各个领域,而且演变为"塑造政治、伦理和日常生活的一个强大的、充满诱惑力的手段"②。其次泛娱乐化拒斥"严肃理性"的思考。在只追求感官刺激、气氛愉悦与肤浅的娱乐化诉求的助推下,大学生"以游戏来消解枯燥,用体验代替思索,以娱乐的心态对待质疑与批判,逃避了思维的理性与深刻"③。最后,网络泛娱乐化实则是沉溺于"被建构"的"娱乐景观"。表面上看,青年大学生在各类娱乐平台自由获取"娱乐内容",但实际上是在商业资本的深度介入下,运用大数据技术深度挖掘、精准锁定大学生群体日常生活中关注的娱乐偏好,并有针对性地向他们"喂养"专门设定的娱乐内容,形成并固化他们的娱乐偏好,使其陷入"被建构"的"娱乐景观"之中。

2) 网络泛娱乐化的危害

网络使用泛娱乐化对大学生的影响极大。首先,它会淡化个人的理想信念,如果长期被网络中大量花边新闻、绯闻逸事、艺人的事件所吸引,部分大学生就不能专注于学习和成长,这对个人理想会产生重要的影响。其次,泛娱乐化中对于金钱的过度宣传,可能会造成大学生价值观念的崩塌,趋于低俗化的生活。再者,大学生的职业规划也可能被网红或者明星所影响,不愿脚踏实地,对新时代自身肩负的责任和使命有所忽视。此外,过多参与娱

---

① 周雪梅,张晶.在审美与娱乐之间:当代中国电视的价值取向[J].现代传播,2003(1):71-74.
② 斯蒂芬·贝斯特,道格拉斯·凯尔纳.后现代转向[M].陈刚,译.南京:南京大学出版社,2002.
③ 季晓华.泛娱乐化语境下课堂教学危机的缓解[J].教育评论,2014(1):42-44.

乐,会弱化自身的自律行为。所谓"抖音五分钟,人间两小时""一入王者深似海"并非戏言,而是部分大学生在网络社交娱乐平台虚耗生命的真实写照①。更为重要的是,部分身处"娱乐茧房"的大学生,只接受"被定制"的娱乐内容,拒斥除娱乐之外的所有"异质"信息,不仅逐渐陷入思想极化的困境,还会在不自知的状态下"钝化"自身的理性思辨能力,最终沦为被网络娱乐平台单向度"设定"的"片面的人"。

6.3.3　教育思路

针对网络泛娱乐化的特点及危害,教育者的教育目标应当是引导学生抵制网络泛娱乐化倾向,使大学生树立正确的网络价值观,并发展内化为长期稳定的行为模式,养成良好的网络行为习惯,以此为基础,形成具有创造性的网络素养。

1) 加强对网络"泛娱乐化"倾向的防范意识

马克思认为,理论只要说服人,就能掌握群众;而理论只要彻底,就能说服人。要引导并培养青年大学生运用马克思主义的立场、观点和方法去认识"泛娱乐化"的实质,识破"泛娱乐化"庸俗、价值虚无的危害,提升青年大学生辨别"泛娱乐化"的理性思考能力,从而树立正确的价值观。要及时观察并深入了解青年大学生在网络社交娱乐平台中的心理状况和行为逻辑,要善于从青年大学生关注和热议的网络"热点"中聚焦观点和问题,积极回应学生在网络娱乐过程中产生的困惑,并针对聚焦的问题进行分析、回应和评析,激发学生的学习兴趣,科学引导学生客观、理性地分析和看待网络"泛娱乐化"的现象,引导青年大学生认清网络"泛娱乐化"的危害,增强理论的指导性和亲和力,增强青年大学生的"获得感"。

2) 提高大学生的文化审美品位

文化活动是大学生思想政治教育的重要载体,对丰富大学生的校园生

---

① 张恂,吕立志.网络"泛娱乐化"影响下高校思想政治理论课困境审思[J].思想教育研究,2021 (8):95-99.

活,提高其文化品位,减轻学业压力,树立正确的价值观有着重要的积极作用。要利用好学校图书馆的各类资源,多读书、读好书,感悟其中所蕴含的人生哲理,提升自身的思想境界。要教育引导大学生积极参加学校组织的校园文化活动,如绘画、书法、唱歌等,主动观赏蕴含深刻思想内涵的文艺作品,从中获得深层次的精神滋养,提升自己的审美境界。

3) 善于用大学生喜闻乐见的方式积极弘扬主旋律

青年大学生是一群精力旺盛、思想活跃、思维敏捷、求知欲和接受能力强、具有独立思考能力和较强可塑性的青年群体,在网络文化创新方面有着得天独厚的优势。在各种网络段子、流行语大行其道的同时,也可以看到不少诸如"请党放心,强国有我!""中国 yyds(永远的神)"等充满正能量的生动用语在网络上传播。因此,要教育引导大学生积极参与校园网络文化建设,充分发挥主观能动性,改变原来被动盲目地接受网络信息的局面,实现以文育人与以文化人的目标。

具体的教育方式同样有多种形式,引导学生自觉抵制网络泛娱乐化的关键是要让学生正确理解其危害。一方面可以开展专题教学、小组讨论、理论宣讲等,邀请校内外的有关专家和网络媒体从业者到校开展专题讲座,通过专业的讲解和实例分享启发学生,不断丰富讲座形式,提升实效性。此外,可以运用当下大学生喜闻乐见的方式,借助新媒体平台开展线上教学,如通过官方微博、抖音短视频、微信公众号对大学生进行价值观引导教育。另一方面,可以积极引导学生变客体为主体,自觉参与网络文化作品的创作,比如参加教育部、中央网信办每年共同举办的全国大学生网络文化节等活动。

6.3.4 教育案例

"庆祝党的二十大"校园网络文化节作品征集活动

一、目的意义

以习近平新时代中国特色社会主义思想为指导,围绕"我们这十年"突出爱国爱党爱社会主义主题引领,鼓励引导广大青年学生积极创作优秀网络文化作品,活跃校园网络空间生态,全面提升网络素养,推进网络文明建设,唱响时代主旋律,以实际行动庆祝党的二十大胜利召开。

二、活动主题

争做校园好网民,凝聚网络正能量,青春献礼党的二十大。

三、活动对象

在校学生均可参与。

四、作品征集

本次文化节共征集微视频、微电影、动漫、摄影、网文、公益广告、音频、校园歌曲、其他类网络创新作品9类作品。

作品数量:学生个体(团队)每人(组)可申报作品1件,每件作品作者限6人以内,可配1名指导教师。

五、作品提交

各院系级党组织、各单位部门要积极组织创作、收集作品,由各单位组织者统一审核汇总,通过电子邮件报送。

六、评选展示

学校将组织专家进行作品评审,择优在学校官网进行展示,并推荐参加全国大学生网络文化节和全国高校网络教育优秀作品推选展示活动。

七、作品要求

1. 所有作品要求政治导向正确,符合社会主义核心价值观要求。

2. 所有作品严禁剽窃、抄袭。关于剽窃、抄袭的具体界定,依据《中华人民共和国著作权法》及相关规定。

3. 所有作品须无版权纠纷,作者应确认拥有作品著作权。

4. 主办方与承办方拥有对作品的信息网络传播权、改编权、汇编权、展览出版权,但不承担包括因肖像权、名誉权、隐私权、著作权、商标权等纠纷而产生的法律责任。如出现上述纠纷,组委会保留取消相关作品参与资格的权利。

6.3.5　小结

大学生正处于人生成长的黄金阶段,如果沉浸在网络泛娱乐化现象中而丧失前进的动力与斗志,无疑会对人生发展产生不可估量的影响。因此,必须联合社会、高校、媒体、学生形成强大的教育合力,引导大学生自觉抵制网络泛娱乐化倾向,使网络成为大学生成长成才的加油站,帮助大学生树立正确的价值取向,坚定崇高的理想信念,为大学生社会主义核心价值观的培育创造积极健康的环境。

6.4 提升个人网络道德水平——以抵制网络暴力行为为例

参与网络暴力的行为无疑体现了较低的个人网络道德水平。《社会蓝皮书:2019 年中国社会形势分析与预测》显示,青少年在上网过程中遇到过暴力辱骂信息的比例为 28.89%。其中,暴力辱骂以"网络嘲笑和讽刺"及"辱骂或者使用带有侮辱性的词汇"居多,分别占比 74.71% 和 77.01%;其次为"恶意图片或者动态图"(53.87%)和"语言或者文字上的恐吓"(45.49%)。近三成青少年曾遭遇过网络暴力辱骂,而"当作没看见,不理会"则是青少年最常见的应对暴力辱骂信息的方式,占比达 60.17%[①]。此外,还有数据表明,全球有 70.6% 的 15～24 岁年轻网民正面临着网络暴力、欺凌和骚扰的威胁[②]。在互联网上,热点人物、热点新闻、热点事件能够迅速吸引广大网民的注意。伴随着热点新闻事件的传播,广大网民能够迅速参与进来,许多话题被一些网友进行低级庸俗的解读。这时,充满暴力色彩的网络语言符号便随之传播起来。随着公众泄愤心理的发酵,事件跟帖逐渐远离原本的讨论范围,演变成为网民宣泄极端情绪的一种方式,他们用键盘表达自己的"愤怒",从而出现大规模的扩散和追风模仿。这样集中的网络语言暴力会迅速让事态发展升级,形成声势浩大的攻击行为,给当事人造成严重的伤害,产生恶劣的社会影响。

---

① 央广网.社科院:近三成青少年在网上遭遇暴力辱骂信息[EB/OL].(2019-01-04)[2022-10-31]. https://baijiahao.baidu.com/s?id=1621690688877343964&wfr=spider&for=pc.
② 联合国儿童基金会呼吁预防针对儿童的网络暴力[J].少年儿童研究,2019(3):80.

6.4.1　网络案例

2020年11月,某高校一男生被爆"性骚扰"学姐,引起网民广泛关注。爆料信息显示,学姐在经过走道时,和学弟的背包发生接触,学姐怀疑是学弟借背包掩护对她进行性骚扰。双方争执过程中,学姐要求学弟交出学生证,学弟给了身份信息,并表示可以调监控来证明清白。学姐认定学弟用手猥亵其臀部,强行查看其学生卡后公开其姓名等信息,在朋友圈等平台控告其性骚扰。但最后经查看监控录像核实后,发现学弟的手没有碰她的臀部,而是学弟的书包不小心碰了一下。事后,该校一名老师表示,事情属实,他们已解释清楚,两个人达成和解[①]。

网络暴力给个人和社会都会带来深远的影响。在全媒体环境下,网络暴力事件屡见不鲜,不仅给事件当事人造成极大的身心伤害,而且对当下青年群体的成长有较大的负面影响,严重影响网络环境的规范有序与现实社会的稳定和谐。在竞争激烈、诱惑繁多的社会背景下,面对青年们"让你社死"的异化心态、"人肉搜索"的过激方式以及"无理由无限"发难的心理扭曲状态,面对新时代环境和新青年特点,及时纠偏矫治,对青年网络暴力进行精准治理,是当务之急。

6.4.2　问题分析

在本案例中,学姐的小范围网络暴力("朋友圈社死")一开始就使学弟的身心处于高压状态,打破了后者原本正常的生活节奏,使其深陷愤怒、屈辱、绝望等负面的情绪之中。此外,在该事件反转后,相关网友的举动也在一定程度上侵害了学姐的隐私权、名誉权等合法权利。网民们对这起事件自由地发表自己的见解,随意地评价、批判学姐,这种行为实质上是网络言论自由的异化。在社会层面,为该事件"伸出援手"的部分网友违背了社会

[①] 喻琰,易永艳.网传清华学姐错告被学弟性骚扰? 学院回应:两人已和解[EB/OL].(2020-11-20)[2022-10-31]. https://www.thepaper.cn/newsDetail_forward_10069866.

伦理道德,甚至不断触碰法律的红线,一定程度上影响了社会的稳定发展。部分网民出于维护正义的目的,站在道德制高点对个人或群体进行道德审判,随着群情激奋的情绪不断地扩散,网民们的言论表达逐渐地走向了极端化,逐渐违背了社会的伦理道德,甚至逾越法律的底线。对于本次事件,倘若有关部门不能做到及时介入和妥善处理,极大可能会带来不良的社会影响。

1)网络暴力的特征

区别于现实社会生活中的各种暴力,网络暴力是指各类网络用户通过移动互联网媒介,借助网络舆论,运用网络语言、图像、人肉搜索等多种手段对个人或群体实施谩骂、侮辱等具有攻击性的行为。网络暴力往往具有伪善性、现实性、群体性三个特征。

一是伪善性。人们往往热衷于进行道德的审判,但即便是现实生活中的很多事件的原委也不是人们看第一眼就能分辨清楚的,更不用说网络上了,实际上网民并没有客观地对事件进行全面的了解,也没有冷静地对事件进行思考,只是发表"自以为"正确的言论。

二是现实性。网络暴力的初始阶段往往是"键盘侠"行为,即网民通过互联网利用言语暴力对当事人进行围攻、侮辱。但当言语暴力不能满足其内心需要时,就推动网络行为转化为现实行为,在这个网络转入线下的过程中,人肉搜索起到了关键性的作用,助推网络暴力向现实世界转化。

三是群体性。网络暴力具有鲜明的群体性特征,网民在网络上开展语言攻击,对当事人进行口诛笔伐,最终会呈现出群体性围攻。在这个过程中,网民往往难以保持清醒的头脑,常常会盲目地被某种观点所吸引,进而投入网络攻击中去,形成极端言论,可能诱发极端行为。

2)网络暴力现象的成因

首先,网络环境的虚拟化、匿名化,使得网民拥有空前的言论和行为自主性。相较于在现实社会,网民在网络环境中的道德自觉性有所减弱,整体的道德素质也呈现明显下降的趋势。其次,当网络热点事件发生时,部分网民在一种群情激奋的强烈情绪的鼓动下,往往会缺乏理性思考和自我反省的意识,忽视当事人的感受和正当权利,跟随大众肆意地谩骂和批判当事人,这也是从众心理的体现。同时,当前处于社会转型期的大背景下,人们面临着来自生活、工作和学习上的各种压力,极易积累起各种负面的情绪,他们更加强调自我表达。部分网民将虚拟开放的网络作为自身释放现实不满情绪的出口,在这个过程中他们自身原本存在的道德缺陷也被进一步放大。

6.4.3　教育思路

与现实道德问题类似,网络暴力等网络道德问题的发生同样会直接冲击人们的心理,进而形成一些消极的思想观念。要引导大学生积极抵制网络暴力,提高个人的网络道德水平,使其能够在不慎遭遇网络暴力的时候保护好自己。

1) 提升学生的网络道德意识和自律水平

要加强学生的道德自律意识,让学生恪守网络道德。道德作为一种自我约束,体现的是社会规范的内化,是人们内心对自我的约束和要求。高校网络暴力问题体现的就是学生网络道德行为失范的问题,要想加强对网络暴力问题的规制,就要加强学生的道德自律,使其真正对自己的行为进行约束,做到自律。大学生应加强对自身的监督和约束,培养正确的人生观、价值观,建立网络道德观,培养正确的网络道德意识,积极践行网络文明观。

2) 增强学生的法治意识和责任意识

互联网不是法外之地,网络暴力不仅冲破了道德的底线,更践踏了法律的红线,要帮助大学生理解"网络暴力"与"言论自由""大众监督"的不同性质。"言论自由""大众监督"等以人更自由全面的发展、社会更和谐稳定为目标,其边界是不能损害公共利益和社会秩序,更不能伤害他人的名誉和人格。同时,要使大学生了解网络是一个必须遵法守法、约束自我、规范生活的社会空间,要对自己的言行负责,要承担不良言行带来的后果。2022 年全国两会上,最高人民法院工作报告强调:"对侵犯个人信息、煽动网络暴力侮辱诽谤的,依法追究刑事责任。"最高人民检察院工作报告也强调:"从严追诉网络诽谤、侮辱、侵犯公民个人信息等严重危害社会秩序、侵犯公民权利犯罪。"[1]学校要加强对校学生的道德和法制教育,引导学生积极抵制网络暴力事件,防范网络暴力问题,推动社会和谐发展。

3）提升学生的挫折承受能力

教育引导大学生关注自己的身心健康。重视社会、家庭层面的心理健康教育,让大学生们学会正确面对自我意识和个人情绪,加强对其进行心理指导和疏导,提升学生应对心理危机的能力。一方面,在面对新时代、新特点的社会压力时,不将网络作为情绪发泄的工具,建立有效的心理危机防御机制;另一方面,在遭遇网络暴力的时候要积极应对,选择性忽略大部分的消极信息,通过正规渠道反馈并维权,依法追究施暴者的法律责任。

具体的教育要围绕加强大学生道德和法制教育展开。高校可以利用自己的官方微博、微信公众号等平台开展网络道德教育工作,为学生普及网络暴力的相关内容,提高学生的辨别能力,也可以开展互联网法律法规宣传,在校园中营造学法、守法的良好氛围,学生工作部门、安保部门可以与学校所在地的派出所联合开展网络法制教育,向学生介绍网络暴力的成因和危害。同时,要教育大学生们自觉抵制网络暴力,畅通学生的诉求表达渠道,让学生能够充分行使自己的舆论监督权,成为网络监管的一分子,对网络中的不良信息、不实信息要加强监督和举报,共同营造清朗的网络空间。

6.4.4　教育案例

"拒绝网络暴力"主题班会方案

一、活动目的

为促使同学们反思网络世界潜在的弊端与问题,同时思考自己作为网民应当担负的责任,特开展以"拒绝网络暴力,让爱与语言同行"为主题的班会。

---

[1] 南方日报评论员.铲除网络暴力　净化精神家园[N].南方日报,2022-04-26(A04).

二、活动主题

"拒绝网络暴力,从我做起。"

三、活动内容

1. 邀请班委通过典型案例,给同学们讲解什么是网络暴力,如何拒绝网络暴力,并告知同学们网络暴力带来的恶果不容忽视,如果任其发展,不加限制,那么不仅公民的隐私权将得不到保障,事件的真相也会被掩盖,从而破坏正常的社会秩序。网络能在瞬间将信息传递到世界的任何角落,分享给每一个人,因此在网络上发言一定要慎重,并且要注意保护他人的隐私。

2. 班主任向同学们介绍什么是网络暴力以及网络暴力的成因及危害,并为同学们展示 TED 上以"网络暴力"为主题的演讲,再介绍中央网信办就加强网络暴力治理专门部署的"清朗·网络暴力专项治理行动"。

3. 互动环节,请同学们纷纷就自己对于网络暴力的看法进行发言与交流,并提出自己关于避免网络暴力的想法。

6.4.5　小结

大学生作为网络虚拟空间里的活跃群体,对于多元化的网络思潮相对缺乏理性判断力,容易成为网络暴力的参与者和受害者。教育工作者应当深刻理解网络暴力的特征及成因,从提升大学生网络道德教育主体的能力意识和自律水平、建立大学生网络道德教育常态化体系、加强对大学生的法制教育等方面,全面提升当代大学生的网络道德认知和行为水平,促进大学生身心健康发展,改变网络言论生态,使互联网的言论环境朝着文明健康的方向发展。

6.5　提升网络引导能级——以争做新时代正能量大学生网络意见领袖为例

与大众传播时代"自上而下"式的垂直传播不同,融媒时代的信息传播呈现出"碎片化""去中心化""大众赋权化"的新特征。大众传媒的信息输出模式是从大众媒介向"高网络引导能级"者传播,再通过他们传播到广大受众。值得注意的是,由于大学生在我国网民中的高学历水平,以及其充满时代感的表达、开阔的视野、活跃的态度、清晰的思维、丰富的知识等自身特质,使得大学生群体在整个网民群体里有着更多的话语权和话语空间。换而言之,大学生其实更容易成为具有较高网络引导能级的群体。当前,互联网是各种社会思潮、社会诉求的交汇地,也是意识形态斗争的主阵地。培育一支政治意识强、业务精、作风硬的大学生网络意见领袖队伍,让身边人教育身边人,用身边事教育身边人,对发挥高校主流意识形态引导作用,做好大学生思想政治教育至关重要。

6.5.1　网络案例

中共中央机关刊《求是》杂志 2022 年第 9 期《党员来信》栏目刊发了一篇由中国人民大学新闻学院博士研究生周晓辉撰写的《在青春的赛道上奋力奔跑》。值得一提的是,此前,习近平总书记到中国人民大学考察调研过程中,周晓辉曾作为师生代表在座谈会上发言。周晓辉在文中写道:"星光不问赶路人,历史属于奋斗者。我们新时代的中国青年,一定要牢记习近平总书记的嘱托,用脚步丈量祖国大地,用眼睛发现中国精神,用耳朵倾听人民呼声,用内心感应时代脉搏,把对祖国血浓于水、与人民同呼吸共命运的情感贯穿学业全过程、融汇在事业追求中。我们怎能不以青春之勇,奋力奔跑,争取跑出当代青年的最好成绩!"这是典型的充满正能量的大学生网络意见领袖。

6.5.2　问题分析

新时代,高校应大力培育一批充满正能量的大学生网络意见领袖,提升大学生网络意见领袖的舆论引导力,充分发挥朋辈影响力,并以此为抓手,有效管理校园舆情,引导大学生树立正确的价值观。

1) 大学生网络意见领袖的内涵

意见领袖的概念来源于现代传播学,是指人际传播网络中经常为他人提供信息,同时对他人施加影响的"活跃分子"。意见领袖在大众传播效果的形成过程中起着重要的中介或过滤作用①。大学生作为长期在一起生活、学习的群体,具有高度的同质性,他们参与网络舆论时,容易受到网络意见领袖的影响和引导。所谓大学生网络意见领袖,即在大学生常用的网络平台上保持活跃的群体或个人,他们具备较高的信息获取技能,表达能力强,有着较强的网络话语权,他们通过发布信息、表达观点、分享建议等方式获得其他大学生的关注及认可,进而对大学生网络舆论走向产生较大的影响。

2）塑造大学生网络意见领袖的利弊分析

大学生网络意见领袖作为高校学生的朋辈,活跃于他们经常使用的网络平台,通过多种方式与普通学生建立起千丝万缕的联系,对处于价值观确立关键期的大学生有着重要影响。他们既能发挥榜样引领作用,促进高校思想政治教育水平的提升,也可能偏离方向,给高校的和谐稳定带来挑战,需要理性辩证地看待和分析这一问题。

6.5.3　教育思路

塑造大学生网络意见领袖,一方面可以树立高校大学生的正面阳光形象,提高其知名度,激发学生的参与热情;另一方面又能够提升其网络引导能级,充分发挥榜样教育的作用。但网络意见领袖的出现有其偶然性,且可能存在消极影响,因此我们认为在教育引导大学生争做正能量大学生网络意见领袖的过程中,应注意以下三个方面的问题。

1）提升思想道德品质

"大学生网络意见领袖"作为一个崇高的称号,是学生群体中的"代言人"和"思想家"。正如列宁所言:"必须经常不断地坚持不懈地工作,既要振奋他们的精神,也要使他们具有真正符合他们的崇高称号的全面修养,而最最重要的是提高他们的物质生活水平。"来提高大学生的思想意识和政治素

---

① 郭庆光.传播学教程[M].北京：中国人民大学出版社,1999：289.

养,帮助其坚定政治立场,同时"也要使他们具有真正符合他们崇高称号的各方面的修养"①。要着重在两方面培养大学生网络意见领袖的思想品质,一方面,大学生网络意见领袖要站稳政治立场,这是作为网络意见领袖的首要原则;另一方面,大学生网络意见领袖要发挥正面引导作用,有还原事件"真实面目"的能力,不仅能够有理有据地讲真话、说实话,还要懂逻辑分析、会辩证看待、能客观评价舆论事件的起因、经过和结果。

2) 培养综合能力

一是网络社交能力。能适应互联网时代的需要,掌握网络信息技术的基本知识,与其他大学生建立经常的、广泛的网络联系,形成一定的影响力。二是语言和文字表达能力。在舆论事件中,第一时间用大学生所熟知的语言"讲真话""巧说话",反映大学生们的心声,以迅速建立舆论权威,赢得同学们的信任和拥护。三是组织管理能力。要有计划、组织、决断和协调的综合能力,针对网络"热点"和"沸点"事件,积极发挥网络便捷、即时、全覆盖的特点,分析、研判舆论事件,争夺、加强舆论导向的引导,把握舆论事件的时间节奏和力度分寸。

3) 提升知识水平

互联网在改变人类生存状态的同时,也带来了人类知识的增殖呈爆炸性趋势。知识的爆炸性增长使得现代很难有人将所有的知识均收入囊中。网络信息内容好比一个个构成事件的"信息包",信息包内的讯息内容、传递路径、分布结构都有极大的不可控性②。这就要求大学生网络意见领袖具备合理的知识结构,不仅仅在某一方面有专业的知识,还必须有广博的知识面,才能在第一时间针对"热点""沸点"事件进行焦点评论和导向引领。

在具体的教育方式上,可以先从分布在各个年级的学生干部群体中挖掘出思想活跃、文笔出色、善于沟通的人,建设一支以党团组织为核心、以学生干部为主体、以学工教师为保障的网络意见领袖队伍。在此基础上,再构

---

① 中共中央马克思恩格斯列宁斯大林著作编译局.列宁专题文集(论社会主义)[M].北京:人民出版社,2009:345.
② 葛士新.高校辅导员网络舆情能力提升的三重路径[J].未来与发展,2019(8):105.

建高校新媒体传播矩阵,为大学生网络意见领袖发挥作用提供阵地,以团队制作动漫、故事、案例、视频等丰富形式,替换以往"灌输式"的思想引导模式,在保证形式新颖的同时,注重内容的政治性、准确性和时效性,充分发挥朋辈效应。最后还可以在学生群体中培养发展一批大学生网评员,作为大学生网络意见领袖的后备支撑力量。

6.5.4 教育案例

"博闻研微"大学生网络文化工作室

上海交通大学以探索创新高校网络文化建设和管理机制为核心,围绕"名网名站、名篇名作、名编名师"建设,成立了"博闻研微"大学生网络文化工作室,旨在着力搭建有效的交流分享与培训体验平台,发挥师生的主体作用,推动全员网络文化产品创作、孵化和推广,弘扬网络思想文化主旋律,推进网络思想文化阵地建设。"博闻研微"网络文化工作室在校党委宣传部、团委、媒体与设计学院的联合指导下,以网络文化建设为核心,集新闻通讯社、社交媒体平台、文化研究、文化活动策划与举办等多种功能于一体,以"有态度、有价值、有趣味"的发展理念,积极打造和维护有思想深度和文化传承价值,并满足青年学生需求、深受青年学生喜爱的网络文化项目和产品。工作室所依托的上海交大研会微博团队,在网络文化创新实践活动中积累了多项发展成果:品牌栏目"南洋微评"多次被人民日报官方微博录用;推出的《2013全国高校寒假时长排行榜》《交大人名寓意背后的变迁调查报告》《2013中国高校研究生会微博发展报告》《关于研究生收费政策的解读》得到了社会各界的广泛关注;工作室负责承办的全球华语大学生短诗大赛,自2014年5月启动以来,已举办4届,全球累计2000余所高校的近6万人参与,活动吸引了来自哈佛大学、耶鲁大学、普林斯顿大学等多所世界一流大学的学生,网络总浏览量超10亿,《人民日报》《环球时报(英文版)》等多家主流媒体对大赛给予了报道,充分肯定了该活动对传播网络正能量的意义。2014年7月,教育部思想政治工作司印发《关于培育建设大学生网络文化工作室的通知》,并在全国范围内启动首批"教育部大学生网络文化工作室"培育建设工作。在此契机下,以当时连续 25 个月稳居全国高校研会微博影响力第一名的"上海交大研会"微博为支撑的"博闻研微"网络文化工作室申报并入选。

毫无疑问"博闻研微"网络文化工作室已经是一个具有一定影响力的"网络意见领袖"了。它之所以能够成为网络意见领袖有以下两个方面原因:一是在组织领导上,成立大学生网络文化工作室,能够把学校里一批有想法、有创造性的大学生集中起来,创新高校学生参与校园网络文化建设的新模式,并在学校党委的科学指导下,引导学生自觉培育和践行社会主义核心价值观,提升自身的网络文化素养。二是在宣传内容上,它围绕学校学生成长、学习服务等方面,展现研究生独特的精神风貌;同时也会通过一些新颖的、有意义的正能量活动,吸引更多校内外青年学生共同参与,全球华语短诗大赛就是以"人生总要写首像样的诗"为主题,鼓励当下的青年读诗、品诗、写诗,致力于促进校园原创诗歌创作,传承和弘扬中华优秀传统文化。

6.5.5　小结

大学生网络意见领袖用自己的小磁场和正能量影响身边的一批人,让青年大学生形成社会合力,一起坚守社会正义。这也是新媒体时代网络思政教育的意义所在,将理论注入思想,使信念熔铸成精神,才是思政教育的最高境界。此外,要充分发挥大学生网络意见领袖的凝聚效应与名人效应,提升大学生的网络引导能级,同时也要警惕种种消极影响,要坚守初心,坚持思想性、政治性和导向性相结合,让大学生网络意见领袖真正成为新时期网络思想政治教育的领跑者。

第 7 章
大学生网络素养教育长效机制

大学生网络素养教育是一项必须常抓不懈的工程。只有不断提升大学生的网络素养,才能使其适应不断发展的网络社会需要,满足成长成才的现实需求。要建立并完善大学生网络素养教育的长效机制,推动大学生网络素养教育工作走深走实。

7.1　构建立体化的网络素养教育体系

大学生的网络素养教育应当是政府、高校、家庭、企业、社会组织多方协力的教育,需要结合大学生的个性特点,遵循大学生成长成才规律和网络发展规律,联动各方力量共同参与、共同实施,以构建多层次、立体化的网络素养教育体系。

7.1.1　政府统筹,完善教育体系机制

政府部门是互联网管理和教育体制建设的重要主体,可以通过优化顶层设计,运用政策之力,加强对网络素养教育的宏观指导和监督管理,为网络素养教育的发展指引正确方向、创造实施条件,用清朗的网络空间和良好的网络氛围影响并推动大学生网络素养教育水平的提升。

1) 优化顶层设计,统筹推进网络素养教育

制度具有导向性、协调性和整合性功能。政府可以从更高站位出发,再认识、再深化、再设计大学生网络素养教育体系和相关制度,整合推进高校网络育人工作。各级互联网信息内容主管部门、教育部门则需要统筹规划高校网络建设和管理工作,构建起内容丰富、特色鲜明、多方协调联动的网络素养教育体系。

2) 筑牢安全屏障,构建清朗网络空间

清朗健康的网络空间能够为高校网络素养教育工作提供强有力的安全

保障。政府需要分级分类指导高校网络信息安全工作,教育部门要建立与互联网主管部门舆情沟通协作机制和突发事件应急反应机制,加大对网络违法犯罪行为的打击力度,引导大学生依法上网,掌握网络意识形态主动权,筑牢网络安全防线。

3)强化工作保障,健全激励评价机制

完善的工作保障措施和系统健全的评价机制是网络素养教育水平提升的重要因素。这就要求各级教育部门加大对网络建设、管理和服务的经费投入,并考虑将其纳入高校事业发展总体布局,在人员编制、经费支持、硬件设备等方面给予切实保障。同时,还要健全激励评价机制,将网络素养教育成果纳入科研统计、职务晋升、职称评审、评奖评优中,进一步调动广大教师参与网络育人工作的积极性[①]。

7.1.2　高校主导,优化教育阵地路径

高校是大学生网络素养教育的主阵地,是整个育人网络的关键所在。因此,高校应当充分发挥教学实践优势,建设并完善网络素养教育的平台和载体,加强网络素养教育相关研究,充分发挥对大学生网络素养教育的关键主导作用,对大学生进行系统有效的网络素养教育。

1)注重发挥课堂主渠道作用

课堂是实施教育的主要渠道和关键环节。思想政治素质是大学生网络素养最深层次的问题。高校应建好课程网络资源库,打造数字化、个性化的网络课堂,依托网络加强思想政治教育,引导大学生学会运用马克思主义的立场、观点和方法分析和处理网络信息及舆论,帮助大学生树立正确的世界观、人生观和价值观。同时,要构建以提高网络素养为核心的课程体系,建立课内与课外相结合、理论与实践相结合的多渠道、多形式的大学生网络素养教育课程。既要传授一定的理论知识,又要重视在具体的网络媒介情境中实施养成教育,在实践中不断加深学生对理论知识的理解,并内化为精神

---

① 王志堂.构建"四位一体"高校网络育人新机制[N].中国社会科学报,2020-11-13.

实质,还要树立以学生为主体的课堂理念,结合大学生思想、学习和生活的实际情况,充分发挥学生的主动性和积极性,引导他们进行自我培育。

2）建设网络素养教育平台和载体

丰富的教育平台和载体是增强大学生网络素养教育实效的有力支撑。高校应建设一批师生黏合度高、受众覆盖面广、社会影响力大的网络素养教育平台。例如,充分利用"易班"推广行动计划和中国大学生在线引领工程,加强"两微一端"等网络平台的建设和管理,打造思想政治工作的网络化"成长超市";发挥全媒体优势,打造一系列有时代热度和人文温度的"微"平台,以平台的影响力提升大学生网络素养教育实效。此外,高校应将思想政治教育融入校园网络文化活动中,积极开展"大学生网络文化节"等网络文化精品活动,推动广大师生积极参与网络产品的创作和生产中,强化思想引领,坚持"内容为王",打造"爆款"产品,推出主题鲜明、思想深刻的网文、动漫、音频、视频、公益广告等优秀网络文化产品,形成校园网络文化品牌。

3）加强网络素养教育研究

高校具备科学研究的独特优势,需要引导广大教师开展对网络素养教育的相关研究,以具备较高理论水准和学术价值的研究成果为开展网络育人工作提供理论依据和参考。例如,近年来,北京大学充分发挥了高校的科研优势,推出了《全环境育人理念的探索实践与网络思想政治教育的时代创新》等网络育人理论研究成果,为新时代网络思想政治教育和大学生网络素养教育提供了宝贵的方法路径和经验启示。

7.1.3　家校联动,形成良性影响机制

家庭是人生的第一个课堂,父母是孩子的第一任老师。要强化家庭的社会细胞功能,发挥家庭在大学生的情感支持、行为养成、道德涵育和人格塑造等方面的基础性作用。

1）提高认识,充分发挥家庭教育基础作用

家庭深刻影响着大学生的思想、言语与行为等各方面。有调查指出,大多数家长认为大学生网络素养教育主要是学校的责任,与家庭教育的关系

不大。在网络时代,家长也应该跟上互联网发展步伐,不断提高自身的网络素养,学会用网络教育引导孩子,让网络成为家长与学生密切互动的平台。一项调研曾发现,亲子关系每提升10%,青少年发生网络成瘾现象的概率可降低约7%。此外,家庭成员还需要充分发挥基础优势,以言传身教、潜移默化的方式培养学生的道德情操和文明素养,引导大学生形成健康、合理的生活方式和科学、文明的用网习惯。

2) 密切家校联系,构建家校联动良性机制

家庭与学校的密切沟通和协力配合是提升育人效果的内在需求。在网络时代,要畅通家校联系渠道,充分利用网络资源开辟家校联系的新途径。例如,举办网络班会,让家长通过网络走进学校、关注学生,依托网络让学校教育和家庭教育相得益彰、优势互补。高校还可以制定推广大学生网络素养教育家庭指导手册,将预防学生沉迷网络、培养良好的网络素养等作为重要内容,引导家长掌握科学的家庭教育理念,形成大学生网络素养教育的家校联动良性影响机制。

7.1.4　企业参与,积极履行社会责任

我们不能脱离企业自律和他律来谈大学生网络素养教育。网络媒体和互联网企业必须加强行业自律,增强底线意识,将社会责任贯穿于企业文化、伦理建设和生产经营的全过程,平衡好经济效益和社会效益之间的关系,积极履行社会责任。

1) 网络娱乐企业要平衡生产经营的经济效益和社会效益

网络游戏开发商在开发项目时,不能单纯追求经济效益,要兼顾青少年身心健康发展,提供绿色、健康的网络娱乐内容。网络平台和互联网企业应该探索利用新的数字技术,开发净化版本、完善防沉迷机制、建立符合青少年需求的内容建设标准等,通过产品和技术来打造一个全环节覆盖的健康友好的网络环境。

2) 网络媒体企业要发挥传播优势,助力网络素养教育

网络媒体企业作为互联网世界的另一大主体,是重要的网络内容制造

者,应担负起传播正能量、传递正确价值观的责任。要生产提供健康优质的内容,建设专门网站、开设网络专栏,普及网络素养的有关内容,呼吁受众关注、参与大学生网络素养教育,帮助青年学生提高对网络信息的解读和理解能力,引导大学正确、规范地利用网络媒介,参与网络活动。

3) 互联网企业要助推群众性精神文明创建活动向网上延伸,向教育延伸

大学生网络素养教育是一个协同合作的复杂系统,不仅政府、高校和家庭要有所作为,互联网企业与机构也应该发挥其内容生产和资源优势,从社会层面促进大众网络素养教育的普及和提升。例如,腾讯研发的网络素养课程,已经在湖北、广东、福建、江西、甘肃等地的多个学校落地,触及上百万个家庭。腾讯和央视共同推出的"新游记"视频课,目前已经吸引超过 1.2 亿人次观看。通过公开课和亲子夏令营,鼓励学生和家长在网络使用问题上坦诚沟通、平等交流。

7.1.5 社会组织支持,担任教育先行者

社会公益组织的存在促进了社会的整体发展与稳定运行。我们应给予公益组织更多的经济、空间和政策支持,调动公益组织的积极性,使其成为网络素养教育的重要支持力量。

1) 公益组织可以扮演网络素养教育先行者的角色

一方面,公益组织可以与国际知名网络素养教育机构建立密切合作关系,引进和借鉴其他国家和地区开展网络素养教育的有效经验和前沿成果,结合我国高等教育的实际情况,推动网络素养教育在全社会的兴起。另一方面,可以鼓励相关领域的社会公益组织或专门社团,对高校学生和网络媒体素养现状开展调查研究,将其结果运用到大学生网络素养教育的实践之中,构建符合中国国情的大学生网络素养教育社会工程。

2) 公益组织可以成为政府推进网络素养教育的合作伙伴

相对于传统的教育课程,网络素养教育无疑是一种新兴的教育课程。而新的教育课程的实施,会遇到许多现实问题,关键性的挑战就是经费问

题。公益组织所开展的网络素养教育项目和活动,往往能得到政府部门的资金资助或政策支持。此外,来自社会自愿捐助的公益资金,经过政府调配和各种社会力量之手,可用于旨在提升学生网络素养的教育项目和活动中,可以将网络素养教育推上良性发展轨道。

3)公益组织要承担起网络素养教育领域"无冕导师"的职责

公益组织的"无冕导师"作用主要体现在两大方面:一方面是"师资培训",即为学校教师、私营教育机构讲员以及社会工作者提供网络素养教育课程培训;另一方面是"教材编写",即开发网络素养教育课程或项目,编写教材或指导手册,并将相关资料向公众公开。此外,公益组织还可以打造网络素养教育公益活动和品牌,为学生或社会人士提供资源,实现网络素养教育优质资源的开放、共享和传播。

7.2 打造高质量的网络素养教育师资队伍

大学生网络素养的提升,离不开一支优秀的师资队伍。2018年1月20日,中共中央、国务院出台的《关于全面深化新时代教师队伍建设改革的意见》明确指出,兴国必先强师,教师承担着传播知识、传播思想、传播真理的历史使命,肩负着塑造灵魂、塑造生命、塑造人的时代重任[①]。发展高校教师网络素养教育能力、打造高质量网络素养教育师资队伍,是构建大学生网络素养教育长效机制的题中应有之义。

7.2.1 大学生网络素养教育师资的现状及问题

1)网络素养教育师资建设体系不完善

当下,我国大部分高校都没有专门建设网络育人工作队伍,基本都是由学校职能部门和下设学生组织及思政辅导员兼任。常见的组织架构为:宣

---

① 谢伍瑛.高校教师媒介素养提升与高等教育发展[EB/OL].(2019-12-04)[2022-09-20].http://www.cssn.cn/jyx/jyx_jydj/201912/t20191204_5053274.shtml.

传部总体协调,相关校级学生组织作为一线工作骨干,主要对校园网、微信公众平台、微博、BBS 等平台进行网络舆情监控和引导。根据《普通高等学校辅导员队伍建设规定》,辅导员也需承担网络思想政治教育工作。当前各部门之间尚未建立合作协调机制,难以发挥网络育人工作合力,无法体现育人工作队伍的实效性。

2) 高校教师整体网络素养能力较弱,队伍层次需提高

据调查,网络思想政治教育工作队伍的网络素养与现实育人需求之间存在较大的矛盾。首先,高校网络素养教育师资队伍本身的网络素养不均衡,队伍中大多数教师未经过系统的网络教育和培训,网络育人知识相对欠缺;其次,不少网络教育工作者把网络简单视作一种工具,没有正确认识教育主体与客体之间的关系,获取信息的效能甚至比学生低,处于劣势。总体来看,目前的师资队伍在网络意识、网络知识、网络能力等方面难以适应网络化社会的要求和对学生开展网络素养教育的要求,进而影响了大学生网络素养教育的效果。

3) 网络素养教育专业师资队伍短缺,教学需求不能满足

高校大学生网络素养教育需要一支专业的师资队伍。但目前高校的网络素养教育大多由高校机关及院系党政领导干部、专职辅导员开展,个别高校虽推出"网络教育名师""网络课程思政"等项目,但仍无法充分满足高校与日俱增的大学生网络素养教育需求。

7.2.2　持续提升新时代高校教师的网络素养教育水平

网络已经融入人们生活的方方面面,高校教师的网络素养水平的高下,直接影响到教学效果,进而影响到大学生的价值观,甚至影响到校园意识形态安全。可以说,高校教师的网络素养水平直接影响到中国高等教育的未来发展。当下,校园意识形态安全事件、师生关系冲突、校园网络暴力现象时有发生,部分大学生的家国情怀和社会责任感缺失,部分教师适应现代教育变革的能力存在不足……这些问题,都迫切需要提升高校教师的网络素养教育水平。

1）提升高校一线教师适应网络技术变革的主动性

一是要培养教师网络素养提升和运用意识，要让教师认识到，网络改变了知识的传播方式，改变了学生的学习方式，高校教师的工作场景发生了根本变化，这对于教师专业素养的深度、广度及更新程度，教书育人手段的丰富程度和有效程度都提出了更高要求。二是要通过各种形式加强宣传教育，让教师主动关注大学生网络素养问题，主动学习相关知识，适应网络新技术变革对教师工作素质的新要求，有效利用网络开展教育教学，提高育人质量。

2）增强一线教师的网络素养教育责任意识

高校要与时俱进改革教师评价体系，将网络素养教育能力和网络道德纳入教师发展和考核的重要指标，提升全体教师的网络素养水平，增强教师"育人者先自育"的责任意识。同时，高校要为教师提供网络素养教育培训机会，提供相应的网络素养学习资料，有效推动教师通过自学提升媒介素养。高校可以组织开设研讨会、讲座、新教师入职培训，以及增加与其他高校交流活动等方式，切实丰富教师的网络媒体知识，增强其网络素养教育意识。此外，高校要通过项目立项等方式，鼓励教师开展大学生网络素养教育相关问题研究。通过推动高校教师在大学生网络素养教育中不断学习、研究、实践、积累经验，在不断提升自身网络素养的同时，构建起服务大学生网络素养教育的知识体系。

3）要推动高校党政干部及管理人员提升网络治理能力和管理水平

高校学生网络素养培育工作是一项多部门协同配合的系统性工作。高校党政管理干部及管理人员既要具备胜任岗位职责的专业知识和职业素养，又要熟悉高等教育工作相关政策法规和教书育人规律，还要与时俱进地提高网络治理能力和管理水平。要推动高校党政干部及管理人员提升网络治理能力和管理水平。一方面，可以在招聘选拔任用中，加强网络素养能力方面的考察，如教育舆情应对能力、网络阵地管理能力和高校网络文化建设能力等。另一方面，要把网络素养提升作为各级干部和管理人员的重要教学培训内容，提升他们运用网络了解师生民意、开展工作的能力。

7.2.3 持续壮大高水平网络素养教育师资队伍

大学生网络素养教育涉及新闻学、传播学、教育学、社会学、心理学、法学等诸多学科。网络素养教育工作者不仅要有相关的网络媒介专业理论基础,还要有一定的教学理论基础。高素质的师资队伍是开展大学生网络素养教育的重要保障。高校应将网络素养教育师资队伍纳入高校人才队伍建设的总体规划,努力建成一支既精通网络教育技术,又有较高马克思主义理论功底,既有良好的课堂教学技能,又善于深入开展大学生网络素养教育理论研究的专业化、职业化网络素养教育工作队伍。

1)遴选合格人才,配齐配强网络素养教育师资队伍

从事大学生网络素养教育的教师本身应本领过硬,其业务能力不仅仅包含教育能力,还包含网络传播能力、网络技术能力等。高校应按照专岗专责、优化结构的原则选聘师资人员,把在理论研究和实践工作中有专长的人员纳入高校网络素养培训工作队伍中来。同时,把政治坚定、业务精通、思想敏锐的思政工作者,高校专业教师,心理教育、应急事件管理和网络舆情管理的专家学者等充实到队伍之中,形成一套长期稳定的培育选拔机制。高校还可以引导在校内外具有广泛社会影响的学术大咖、教学名师、优秀导师参与大学生网络素养教育,使他们的思想政治教育、教书育人工作从课堂扩展到网络,成为网络育人的中坚力量。此外,高校还可以从网络媒体或互联网企业聘任"实务精英",从社会公益组织聘任专业人员担任网络素养教育兼职教师,这样既可以改善当前大学生网络素养教育师资短缺的现状,又可以让大学生网络素养教育对接社会的实际人才需求,更加"接地气"。

2)完善培养机制,推动师资队伍网络素养教育能力不断提升

高校应建立起定期培训机制,通过岗前培训使教师明确岗位职责,同时设置合理的课程体系,进行专题培训,以便教师更好地完成大学生网络素养教育工作任务。一方面,要加强师资队伍的理论素养。对于大学生网络素养教育工作者而言,要着重提高其理论素养和政策水平,着重提升其阵地意识,强化理论武装和价值引领。队伍成员需要遵循中央基本精神、立足实际

需要,学习互联网技术及发展趋势,提高自身运用网络开展思想政治工作的能力。同时,可以依托地方及高校培训研修基地,分模块参与定期培训,促使这支队伍掌握理论知识、厚植理论功底、提升理论水平。另一方面,要着重提升师资队伍的专业实践技能。新时代,网络环境给高等教育带来的挑战不仅是内容上的更新,更是方法上的创新。大学生网络素养教育是一项常做常新的工作。网络素养教育工作者不能局限于纸上谈兵,要更多地通过实践总结经验,获取专业技能。因此,师资队伍建设在注重系统性培养的同时,更要关注时效性和实践性,结合时代要求注重改革创新,提升队伍业务能力水平。

3) 做好考核评价,完善师资队伍管理保障机制

在队伍建设的过程中,应该确保队伍结构的科学性和系统性,明确队伍建设的目标,建立健全的领导机制和分工机制。同时,由于网络素养教育的特殊性,这支队伍应同时接受学校相关网络监管部门的监督。同时,高校应对这支队伍制定工作考核的具体办法,制定合理的奖罚制度和福利制度,对师资人员进行定期核查,设立系统性的评价结构。高校也应出台一些激励措施,将网络素养教育师资的成果纳入高校科研成果统计、列为教师职务职称评审的条件、作为评奖评优的依据。高校可考虑将专业教师参与网络素养教育纳入其社会服务的考核范畴,在专业教师考核评价中占据一定的比例,进而激励更多教师和一线人员履行网络素养教育的主体责任。

7.3 建立健全网络素养教育课程体系

课程体系是实现培养目标的载体,是保障和提高教育质量的关键。目前,已有一些网络素养教育的种子在各地萌芽。例如,中山大学传播与设计学院张志安教授团队在中国大学 MOOC 开设了"新媒体素养"课程,帮助了大量选修者在互联网世界里学会批判、理解、交流、反思;再如,2018 年 10月,华中师范大学和腾讯公司联合成立了"网络素养与行为研究中心"。另外,为中国而教、少年派等公益和教育机构将同伴教育、游戏教育、未来教育

等多种方式与网络素养教育相结合。但总体来说,我国的网络素养教育体系和内容资源还处于分散、零碎且滞后的状态。借鉴较为成熟的媒介素养课程体系构建经验,构建大学生网络素养课程体系,应树立以立德树人为导向的课程教育理念,构建理论与实践相结合的课程体系,打造网络素养教育课程品牌。

7.3.1　树立以立德树人为导向的课程教育理念

教育的价值理念是大学生网络素养教育的先导。网络素养教育是帮助大学生认识互联网的本质,建立个人与网络的关系,提升大学生的综合素质,其最终目的是育人。在构建大学生网络素养教育课题体系的过程中,要坚持立德树人为根本任务的价值导向,坚持整合创新、科学发展、系统运行的教育理念,引领大学生网络素养教育工作健康发展。

1) 坚持整合创新的教育理念

当今社会互联网的高速发展深刻影响了当代大学生的生活方式、学习方式、娱乐方式、交往模式等。作为与互联网"鱼水相生"的大学生群体,他们的世界观、人生观、价值观在很大程度上会受到互联网环境的影响。只有不断提升大学生的网络素养,他们才不会在海量的网络信息资源中迷失方向,才能主动地利用互联网来解决学习生活中的各类问题。因此,大学生网络素养教育应与大学生思想政治教育、学科专业教育、就业职业教育等高等教育的其他领域有机融合,坚持整合创新的教育理念,应对"互联网＋"时代给高等教育带来的变革和挑战。

2) 坚持科学发展的教育理念

正确的、科学的理论能够推动实践取得成功;反之,则会导致实践遭受失败。大学生网络素养教育应坚持科学发展的教育理念,紧跟形势的变化和时代的要求,充分把握和运用大学生成长成才、高等教育改革创新、网络空间发展变化等规律,从理论指导科学化的层面建构大学生网络素养教育指导理论的科学体系,从制度建设科学化的层面完善大学生网络素养教育的科学制度,从工作方法科学化的层面探索大学生网络素养教育的科学方法,着力推动大学网络素养教育科学化发展。

3) 坚持系统运行的教育理念

大学生网络素养教育过程是政府、高校、社会和个人多方协同教育的系统工程。作为一个复杂的综合体,其构成要素、发展环节都存在密切关联,共同构成了大学生网络素养教育这个复杂系统的综合功能。要坚持系统运行的教育理念,建立结构合理、功能互补的教育网络,形成各领域紧密联系、协同推进的工作机制,从整体上加强对大学生网络素养教育的顶层设计,统筹协调处理好各个环节与各个方面的问题。通过系统化运行模式,提升大学生网络素养教育的联动性和有效性。

7.3.2 构建理论与实践相结合的课程内容体系

当前,网络的快速发展带来学习模式的变革,大学生可以根据自身实际情况进行"个性化"的学习,可以在现实模拟场景中进行"体验式"的学习,可以在网络社交圈子中进行"朋辈间"的学习。学习模式的深刻变革,可以使大学生选择更合适、更高效的学习方式,因此要建立理论与实践相结合的教育内容体系,不断创新教育的途径和方法。

1) 建立大学生网络素养教育理论课程体系

一是开设网络素养教育专门课程,编写专门教材。高校应考虑将网络素养教育纳入人才培养方案,纳入通识教育体系,建立必修课程与选修课程相结合、传统课程与在线课程相结合的网络素养教育体系。通过系统规范的网络知识、网络能力、网络道德、网络心理教育,向大学生传授相关的网络素养知识,帮助大学生建立较为完善的网络知识体系,提升其网络应用能力。

二是可以在传统德育课堂、专业课教学中融入网络素养教育的新内容。在专业课教学中,可以融入学科信息资源检索、信息教学实践等,帮助大学生掌握专业信息检索方法,建立学科"网络资源地图";在思想品德修养与法律基础课中,融入网络道德、网络法治教学内容和实践环节,培养大学生的网络道德观念和依法上网意识;在心理健康教育课中,融入网络心理教学内容和实践环节,培养大学生的网络社会适应能力和网络心理调适能力[①]。

三是可以根据不同年级的教学要求和学习内容,科学设定不同阶段教育的侧重点。将网络素养意识培养融入相关课程中,贯穿学生的整个大学生涯。比如,大一新生来自全国各地,网络素养水平难免有差异,在新生入学时,应做好衔接,及时开展有关网络法律法规的知识讲座,帮助新生树立提升网络素养的意识;对于高年级学生来说,重点帮助他们学习如何利用网络进行学科专业知识的检索与应用,培养他们对收集到的网络信息进行客观评价和筛选的能力;对于即将毕业的大学生来说,应结合职业道德教育开展网络诚信教育,帮助大学生树立正确的职业理念,向他们传递积极向上的网络文化。

2) 建立大学生网络素养教育实践体系

一是挖掘资源,搭建立体校园网络素养实践平台。要将线下活动与线上活动结合起来,依托校园网开展网络知识竞赛、网络优秀文章评比、网络素养研讨论坛等实践活动,在丰富多彩的校园网络活动中提高大学生的网络知识水平、网络应用能力、网络道德修养。此外,高校还可以根据大学生的个人兴趣,指导组建网络类社团,开展网络主题交流活动,积极参加网络类社会实践及网络专题研究活动,利用网络平台的建立和完善,推动学生开展自我学习、自我管理、自我教育,提升网络素养教育成效。

二是将网络素养教育融入科创、竞赛活动。学科竞赛与创新创业实践活动是课堂教学内容的拓展与实践,是提升学生理论与实践综合素质的重要举措,是激发学生学习兴趣和自主学习的有效教育方法。网络素养教育具有学科广泛性、发展实时性、运用实践性的特点,需要学生具备一定的综合知识和灵活实践能力才能深刻理解,可探索建立网络素养教育与竞赛及创新创业相结合的教育策略,做到网络素养教育的以赛促学、以创促学。如由教育部思想政治工作司主办、中国大学生在线承办的全国大学生网络安全知识竞赛至今已成功举办六届,活动吸引了全国千余所高校数十万大学

---

① 熊钰,赵晨,石立春.大学生网络素养教育的内容与路径[J].高校辅导员,2017(4):41-46.

生参与,对大学生了解网络素养基本知识起到了很好的促进作用。

三是将网络素养教育融入专项社会实践。习近平总书记多次强调,青年要成长为国家栋梁之材,要读万卷书、行万里路,既多读有字之书,也多读无字之书,注重学习人生经验和社会知识,注重在实践中加强磨炼、增长本领①。在教育部等八部门印发的《关于加快构建高校思想政治工作体系的意见》中也明确提出"把立德树人融入思想道德、文化知识、社会实践教育各环节","把集中教育活动与日常教育活动、课堂教育教学与社会实践相结合"。根据网络素养教育基本规律,可结合社会实践开展相关教育活动。

7.3.3　打造网络素养教育课程品牌

大学生网络素养教育课程品牌是在大学生网络素养教育教学实践活动中形成的,是典型经验不断凝聚升华形成的立体化工作成果,以它的鲜明个性和特点,展现其强大的生命力、凝聚力和感召力,推动大学生网络素养教育深入持续地开展。

1) 大学生网络素养教育课程品牌的创建原则

一是育人性原则。大学生网络素养教育课程品牌的创建要体现育人原则,把大学生网络素养教育的核心内容润物无声地植入品牌创建的过程中。要注意植入的程度和精准度,充分考虑学生的层次性、梯度性,根据他们的体验和反馈,及时调整内容的创作和供给;要注意植入的效度,时常关注学生的网络信息偏好、网络舆情动态,紧跟热点,因时因地制宜,增强育人实效。

二是互动性原则。教育不是空洞的说教。大学生网络素养教育课程要注重体现网络的互动性,紧跟时代热点,聚焦大学生的兴趣点,创新内容展现形式。由于网络的虚拟性,教育者与受教育者处于不断的变化之中,教育的效果也是即时反馈的,网络素养教育在一定程度上就是在教育者和受教

---

① 深入学习贯彻习近平总书记关于青年学生成长成才重要思想　大力培养中国特色社会主义建设者和接班人[EB/OL].(2017-09-08)[2022-09-20].https://news.12371.cn/2017/09/08/ARTI1504821649883754.shtml?from=singlemessage.

育者互动的过程中进行的。

三是创新性原则。创新是品牌获得良好口碑、赢得竞争的力量之源。大学生网络素养教育品牌课程应坚持创新的原则,不断优化课程质量,提高大学生对课程的满意度。要注重理念创新,坚持以学生为中心的工作理念,实现从"供给者本位"向"需求者本位"的转变;要注重协同创新,推进品牌课程创建的协同合作,发挥好校内专家学者、教师、辅导员和广大学生的联动优势;要注重传播路径创新,根据新媒体传播的超时空性、平等交互性、去中心化等功能特点,以及网络新媒体发展的代际递变规律,做好课程的创新工作。

2) 大学生网络素养教育课程品牌的培育建设路径

大学生网络素养教育课程品牌的培育建设是一个长期的系统工程。从路径上来说,可大致分为三个阶段:品牌定位、品牌打造与品牌传播。

一是科学定位,明确品牌方向。定位是大学生网络素养教育课程品牌建设的第一步。品牌定位就是要立足大学生网络素养教育的目的,结合高校自身的优势和特色,为大学生网络素养教育课程品牌的培育找准思路和方向,具体可以分为课程目标定位、课程对象定位、辐射对象定位等方面。高校的人才培养目标是学校发展的依据和方向。大学生网络素养教育课程品牌建设必须与人才培养目标定位相结合,包括对高校师资力量特点的定位,高校关于大学生网络素养教育课程特色的定位,高校开展其他网络素养教育实践活动项目的特色定位等。高校还需要根据自身网络素养教育工作的优势和特色,筛选出重点要打造的课程品牌。大学生网络素养教育的辐射对象是除了在校大学生之外,还包括高校上级主管部门、兄弟高校师生、学生家长等。

二是突出特色,打造优质品牌。打造品牌是大学生网络素养教育课程品牌培育和建设的第二阶段。优质的课程品牌,应当是立足学校特色的、高水平的、前沿的,应当是师生广泛认可的、有广泛影响力和辐射效应的。结合高校工作实际,要打造大学生网络素养教育领域课程品牌,需要德才兼备的师资队伍、完善的教学内容和科学的教学方法。高校应重点把握课程品牌打造的基准点和核心,并借鉴其他领域"金课""精品课"等成功课程的培育模式,建设培育高质量的教学师资队伍,构建具有高校特色的大学生网络素养教育课程内容,应用与时俱进的教学方法,真正推出精品课程,形成优质课程品牌。

三是发挥优势,助力品牌传播。大学生网络素养教育课程品牌的建设离不开有效的宣传。一方面,高校可以通过各类校内外媒体,大力宣传正在培育塑造的大学生网络素养教育特色项目、精品课程、网络名师队伍等,全方位展示大学生网络素养教育课程的品牌形象。另一方面,优秀的教师本身就是大学生网络素养教育的品牌。高校可以利用多种形式来宣传学校的网络育人名师。比如,建立高校网络素养教师交流机制,将本校大学生网络素养教育的工作理念和工作方式在同行中广泛传播,以增强品牌的知名度和影响力。此外,高校可以与政府等部门建立长期联系,争取政府的支持,还可通过招待会、座谈会等方式,听取公众对大学生网络素养教育的意见和建议,加强与社会各界的沟通,还可利用网络素养教育活动月、活动周等契机,来塑造良好的大学生网络素养教育品牌形象。

7.4 营造清朗网络素养教育空间

网络空间治理是指公共权威为实现公共利益,针对互联网虚拟空间中公民的各种活动所进行的疏导与管理,是国家治理体系当中的有机组成部分①。网络空间治理对于营造清朗的网络素养教育环境有着不可替代的重要作用。不同国家网络空间治理模式也有所不同,有的以行政管制为主导,有的倾向于协同共治。走在国民网络素养教育前列的新加坡,其网络空间治理模式值得我们借鉴。

新加坡网络空间治理以政府为主导,在组织管理、政策制度和法律法规三个方面构建了强大的保障体系,界定了公共部门、私营部门、科研机

---

① 汪炜.论新加坡网络空间治理及对中国的启示[J].太平洋学报,2018,26(2):35-45.

构、以非政府组织为代表的市民社会和国际社会之间的关系,在搭建网络空间治理架构、规范网络空间秩序以及平衡各方权益方面取得了比较显著的成效,民众的网络素养水平也得到了较大的提升。2017 年,国际电信联盟(International Telecommunication Union,简称 ITU)的报告指出,新加坡的网络空间安全战略"近乎完美",在全球网络空间安全指数的排名中名列第一。这已经是新加坡在该指数排名中连续三年蝉联第一了。与之相对,2022 年 3 月,中国"清朗"系列专项行动新闻发布会披露:2021 年"清朗"系列专项行动处置账号 13.4 亿个,封禁主播 7 200 余名;下架应用程序、小程序 2 160 余款,关闭网站 3 200 余家。这足以说明,我国在强化网络空间治理、塑造清朗网络素养教育空间方面还有很长一段路要走。借鉴新加坡模式,我们可以从构建治理架构、完善保障体系、加强监督管理、研发关键技术、培养相关人才、营造清朗氛围等方面入手。

7.4.1　构建网络空间治理架构

科学合理的网络空间治理架构是塑造清朗网络素养教育环境最重要的基础。自 1994 年 4 月正式接入国际互联网,我国学术界就围绕着互联网基础资源分配、互联网内容传输规则与标准制定、全球互联网话语权争夺以及网络空间安全等议题开展了一系列研究。总体来看,中国的互联网治理研究经历了从"管理"到"治理"的范式变迁①。新加坡网络空间治理模式强调各类行为体的主动性和参与性,其他主体与政府之间既有交叉又有分工,但最重要的仍然是发挥政府在宏观政策和制度建设上的指导与协调作用。中国的网络空间治理则涉及法律、技术、管理等多个方面。一方面,我国政府部门应加强统筹协调与监督执法这两项核心职能,平衡二者在网络空间治理当中的比重,理顺网络空间治理领导体制(比如已经成立中央网信办,担负起全国互联网信息内容管理的职责,并负责监督管理执法);另一方面,要

---

① 侯伟鹏,徐敬宏,胡世明.中国互联网治理研究 25 年:学术场域与研究脉络[J].郑州大学学报(哲学社会科学版),2020,53(1):35-42,128.

重视和发挥网络安全企业、技术社群、非政府组织甚至是个人在网络空间治理中的重要作用，把相关行为体纳入战略合作伙伴，成为网络空间治理的重要组成部分。

7.4.2 完善网络法律保障体系

党的十八大以来，我国网络空间法治建设快速推进，互联网内容建设与管理的相关法律法规逐步健全。《中华人民共和国网络安全法》《中华人民共和国电子商务法》《中华人民共和国数据安全法》《中华人民共和国个人信息保护法》相继出台，为强化网络执法明确了法律依据，但这些法律法规的适用效果如何有待进一步观察。政府应从维护国家安全、政权巩固，以及社会稳定和公民身心健康的高度出发，把弘扬社会主义核心价值观贯穿网络立法、执法、司法、普法各环节；制定相对细化、操作性强的涉及网络基础设施、功能与业务、信息与内容、信息安全等方面的网络管理法律法规；创新开展网络普法系列活动，增强公民的法律意识和法治素养；培养一批高素质的网络执法队伍，使网络管理有法可依、有法必依、违法必究[①]；深入推进"清朗""净网"系列专项行动，深化打击网络违法犯罪，充分发挥法律法规对维护良好网络秩序、树立文明网络风尚的保障作用。

7.4.3 加强网络行为监督管理

大学生网络素养教育同样需要加强网络信息和网络文化的管理和监督。政府应采取行政手段、技术手段正本清源，成立专门的网络管理机构，加强网络管理队伍建设，健全网络管理规章制度，深化不文明问题治理，开展互联网领域虚假信息治理，推行网络信息监控机制和责任追究制度。此外，政府、社会机构、组织、个人等要形成联动机制，支持、引导制定行业规范，实现行业的自我约束。要建立并完善网络文明规范，普及网络文明观

---

① 黄发友.大学生网络素养培育机制的构建[J].北京邮电大学学报(社会科学版),2013,15(1): 27－33.

念,发展积极健康的网络文化,进一步完善政府、学校、家庭、社会相结合的网络文明素养教育机制,不断提升青少年的网络素养,引导其合理使用数字产品和服务,推动全社会形成文明办网、文明用网、文明上网、文明兴网的共识①。要动员广大网民积极参与监督,推动网络空间共治共享,共同净化网络环境,使大学生能够健康上网、文明上网和安全上网。

7.4.4 研发关键网络安全技术

网络安全技术是促进网络空间治理不断进步的重要物质支持。新加坡在本国的网络空间治理过程中非常重视对重要网络技术的获取,无论掌握这种技术的是国内还是国外的企业或互联网社群。由于网络时代犯罪分子的不确定性大大增强,实施网络犯罪的时间、地点难以及时掌控,因而在技术上"技高一筹"就显得尤为重要。中国当前实施创新驱动发展战略,推进互联网技术产业自主创新能力建设,在智能终端、云计算、大数据、卫星导航等多个领域已逐步实现从模仿到超越、从引进吸收到自主创新的转化②。但数据显示,当下中国在影响网络安全的基础研发领域的投入仍较为欠缺。

7.4.5 培养网络空间治理人才

人才是确保网络空间治理可持续发展的关键。除了网络技术人才队伍建设之外,还需着重培养参与网络空间治理的国际化人才,使其不仅能在本国的网络空间治理中贡献智慧,还具备在全球网络空间治理上提供能力建设方案、最佳实践及解决方案等公共产品的能力。这也就是习近平总书记所说的"要聚天下英才而用之,为网信事业发展提供有力人才支撑"③。

---

① 中国网信网.中央网络安全和信息化委员会印发《提升全民数字素养与技能行动纲要》[EB/OL].(2021-11-05)[2022-09-20].http://www.cac.gov.cn/2021-11/05/c_1637708867 331677.htm.
② 汪炜.论新加坡网络空间治理及对中国的启示[J].太平洋学报,2018,26(2):35-45.
③ 中国网信网.聚天下英才 建网络强国[EB/OL].(2016-09-12)[2022-09-20].http://www. cac.gov.cn/2016-09/12/c_1119553085.htm.

7.4.6 营造清朗网络文化氛围

营造氛围是动员社会力量、提升网络空间治理社会参与度的重要步骤。一是要深入开展网络文明引导,大力强化网络文明意识,充分利用重要传统节日、重大节庆和纪念日组织开展网络文明主题实践活动,教育广大网民自觉抵制歪风邪气,弘扬文明风尚①。二是要进一步规范网上内容生产、信息发布和传播流程,建立公开透明、及时有效的政府信息发布制度,及时公开政务和发布相关信息、资讯,构建以互联网联合辟谣平台为依托的全国网络辟谣联动机制,让青年学生及时了解政府行为和事件真相。三是要坚持正确舆论导向,通过积极、正面、健康的社会舆论导向,为大学生网络素养教育提供健康绿色公共网络空间。

7.5 健全新时代大学生网络素养教育评价机制

中共中央、国务院印发的《深化新时代教育评价改革总体方案》指出,教育评价事关教育发展方向,有什么样的评价指挥棒,就有什么样的办学导向②。教育评价"指挥棒",直接影响学校的办学行为、教师的教学行为和学生的学习行为。同时,教育评价还深刻影响全社会的教育观念,进而影响家庭的教育选择,并在很大程度上影响甚至塑造一个时代的教育生态。

梳理已有研究可发现,当前我国教育评价主要呈现出以下趋势和特点:一是教育评价主体多元化。最初的教育评价主体是单一的,主要由教育行政部门的教育评价专家担任。而当前教育评价主体的多元化主要体现在包括被评价者在内的相关人员都参与评价,不仅改变了以往的对立关系,加强了信任与合作,而且充分体现了个体需要的多元价值取向。二是重视教育

---

① 中共中央办公厅 国务院办公厅印发《关于加强网络文明建设的意见》[EB/OL].(2021-09-14)[2022-09-20].http://www.gov.cn/zhengce/2021-09/14/content_5637195.htm.
② 中共中央 国务院印发《深化新时代教育评价改革总体方案》[EB/OL].(2020-10-13)[2022-09-20]. http://www.gov.cn/zhengce/2020-10/13/content_5551032.htm.

目标研究。这种研究加强了对教育目标设定科学性的考察,从而改变评价目标的凝固性和行为目标的局限性,使新的教育评价统领目标、过程与情境,呈现开放的特点。三是重视新研究方法的引入。出于对科学化、客观化的追求,教育评价模式在创立之初仅重视定量方法的运用,影响了评价组织做出真正科学、客观、有效的教育评价。今后的教育评价将呈现定性方法和定量方法相结合的特点。同时,重视教育质量监控系统的运用。四是教育评价逐步中介化。引入作为利益无关者的第三方——教育评价中介机构,有利于推进教育评价专门化、专业化发展的进程。

大学生网络素养教育评价属于教育评价的一种,是检验并提升大学生网络素养教育效果的关键环节。其目的在于通过制定科学可行的量化标准和评价体系,对大学生网络素养教育相关信息进行整理、归纳和分析,充分认清大学生网络素养教育的现状,分析教育现状与教育目标之间的差距,并针对不足之处提出客观合理的意见和建议,全面提升大学生网络素养教育的质量和水平。构建新时代大学生网络素养教育评价长效机制,需要遵循教育评价的基本原则,明确多元评价主体,构建科学评价方法,完善评价标准。

7.5.1 大学生网络素养教育评价基本原则

实施大学生网络素养教育评价,需要遵循一定的基本原则,明确教育目标,坚持教育导向,保证评价的客观性和平等性,从全面性和发展性的角度对大学生网络素养教育开展科学评价。

1)导向性和目标性相统一

导向性原则是指大学生网络素养教育评价要为大学生网络素养教育提供指导方向。大学生网络素养教育的政治性决定了评价的导向性。既要引导大学生主动用习近平新时代中国特色社会主义思想武装头脑,又要在大学生网络素养教育评价指标设定、权重分配等环节,全面贯彻党的教育方针和育人理念,把握育人方向,促进育人水平的提升。

目标性原则是指大学生网络素养教育评价要明确大学生网络素养教育

的目标和培养质量,并对其改革和发展提供科学指导。坚持目标性原则,需要结合网络素养教育目标、大学生培养目标以及学校自身特点等因素,制定具体的评价体系,促进大学生网络素养教育的有效开展,增强其系统性和实效性。

大学生网络素养教育评价的导向性和目标性在根本上是一致的。目标性是导向性的前提和保证,只有准确把握大学生网络素养教育的目标,才能充分发挥教育评价工作的导向性作用。

2) 客观性和平等性相统一

客观性原则是指大学生网络素养教育评价必须坚持从实际出发,全面客观地反映出大学生网络素养教育的实际情况,从而有针对性地改进教育工作中存在的不足。这就要求在评价过程中必须以真实的资料、数据为基础,通过科学的评价方法和评价标准,对大学生网络素养教育做出客观评价。

平等性原则是指在大学生网络素养教育评价的过程中,评价主体和评价对象以平等的身份共同参与评价工作。通过全方位的评价总结,评价主体针对大学生网络素养教育中存在的问题,结合学校网络素养教育工作的实际情况,提出相应的改进建议。而问题的真正解决还需要高校制订有效的工作方案,将改进措施落细、落实,切实提高大学生网络素养教育质量。评价工作的效果还取决于评价过程中评价客体是否积极参与和配合。评价主体和评价对象保持平等性,有助于评价主体客观地收集评价信息,充分发挥评价的导向作用,促进大学生网络素养教育质量的提升。

3) 全面性与发展性相统一

全面性原则是指要从全局角度分析大学生网络素养教育过程,总结规律并解决存在的问题。大学生网络素养教育评价包含诸多相关要素,这就要求评价体系中也必须包含针对这些要素的评估,使评价主体能够抓住各要素间的内在联系,全面把握大学生网络素养教育的现状。

发展性原则是指在评价过程中充分考虑评价对象所处的环境和发展阶段。大学生处于思想活跃的年龄段,其思想特点和行为习惯在一定程度上体现了鲜明的时代特点。因此,大学生网络素养教育评价需要动态地把握大学生网络素养教育发展变化的新情况,用发展的观点去分析新问题。

在大学生网络素养教育评价中坚持全面性和发展性相统一,有助于准确把握大学生网络素养教育的规律,科学客观地开展评价工作,引导大学生网络素养教育明确育人目标、把握育人规律、增强育人实效。

7.5.2　大学生网络素养教育评价体系

教育评价是一种价值判断活动,构建科学合理的大学生网络素养教育评价体系,对于促进我国网络素养教育的发展,全面提升大学生的综合素质,提高高校人才培养质量有着重要意义。

1) 探索党的全面领导下的多元主体评价机制

在评价过程中,首先要坚持党的全面领导,落实立德树人根本任务,牢记为党育人、为国育才的使命,确保教育正确的发展方向。由于不同主体分属于不同的利益相关者,价值倾向不同,对评价对象的认识也不同,自然会产生不同的评价结果。以往的教育评价主要由政府教育职能部门负责,它本身属于被评价者的上级部门,与被评价者构成了上下级的关系。正是这种利益上的矛盾对等性,使评价者很难做出真正客观科学的评价[①]。由不同主体从不同侧面对评价对象进行评价,评价的结果才会更充分、更全面、更系统。因此,要在党的领导下,不断完善多元主体评价机制[②]。

按照评价主体的不同,大学生网络素养教育评价机制可以分为内部评价机制和外部评价机制。内部评价机制是指学校内部组织的评价机制,由高校相关管理部门对各部门、各院系网络素养教育工作实施情况定期进行检查和评价。外部评价机制是指由上级主管部门及社会评价机构等构建的评价机制。一方面,利用内部评价机制的指向性和灵活性,积极探索适合不同院校的大学生网络素养教育评价体系,构建兼容并包、适应性强的评价标

---

① 辛涛,李雪燕.教育评价理论与实践的新进展[J].清华大学教育研究,2005(6)：38 - 43.
② 王金龙.以系统思维构建新时代教育评价体系[N].中国教育报,2020-11-27.

准和操作规程,提高大学生网络素养教育评价的针对性和有效性;另一方面,借助外部评价机制的权威性和执行力,通过检查、评估、整改等方式,推进大学生网络素养教育评价体系创新。

2) 构建系统全面的科学评价方法

中共中央、国务院印发的《深化新时代教育评价改革总体方案》中指出,要"改进结果评价,强化过程评价,探索增值评价,健全综合评价"。这是全国教育大会以来首次提出的。四种评价方法之间既相互独立,又相互支撑,构建了系统的教育评价方法。针对不同的评价活动,要灵活运用多种评价办法。这四种评价方法可以从三方面来理解和把握。一是改进结果评价和强化过程评价,即从时间的长度上要兼顾过程和结果,不仅要注重结果导向,更要注重过程监管。二是健全综合评价,即从横向的宽度上要综合多方意见、采取多种方法、运用多个角度来进行评价,不能以偏概全。综合评价是比较常用的评价方法,通过主客观相结合的方式,设定多个指标以及指标权重,综合所有指标的结果,对评价对象进行评定。三是探索增值评价,即从纵向的高度上注重对评价对象的比较,评价时不能仅看绝对值,更要看相对值,对相对进步要给予科学评价,引导不同客体多元发展。在对大学生网络素养教育进行科学评价时,还要将定性评价和定量评价相结合。对于教育过程、教育成果中可以明确量化的内容,通过科学的方法和先进的技术手段进行定量评价;对于比较难以量化的内容,例如大学生网络素养的提升情况、网络道德培养等方面,则要通过定性评价的方法,总结归纳相关指标的指向性变化。

3) 完善分层分类的立体评价标准

分类评价是保证教育评价科学性的重要基础,可以用三种分类方式构建立体式的评价标准。一是不同学段。这主要是从纵向上对不同年级、不同学段进行划分。由于不同学段的教育对象不同,所采取的教育目标、理念、方法等都有所不同,对不同学段的评价也应各有侧重。二是不同类型。这主要是从横向上对职业教育、高等教育等进行划分。在高等教育内部也存在人文社科类、生命学科、管理学科不同类型的划分,理应采取不同的评价标准。三是不同阶段。大学生网络素养教育是一个不断发展和完善的过程,其效果也是一个逐步显现并不断提高的过程。这就决定了网络素养教育要坚持动态和静态相结合的方式。在评价的过程中,对于网络素养教育在近一段时间内的质量和存在问题的评价属于静态评价;对于网络素养教育的发展历程和未来规划属于动态评价。评价主体通常更重视静态评价,而对于动态评价则缺少系统的研究和可行的措施。教育的效果是需要经过长期观察、反馈和总结才能进行准确评价。大学生网络素养教育评价需要通过静态评价获取当前网络素养教育的现状,结合动态评价,追踪、分析网络素养教育的全过程,为准确评估教育效果、制定并完善相关政策制度提供参考和借鉴。

7.5.3　构建大学生网络素养教育长效评价机制

构建大学生网络素养教育长效评价机制是大学生网络素养教育评价的基础,也是其充分发挥作用的组织、队伍和制度保证。

1) 建立健全大学生网络素养教育评价组织

首先,评价组织要坚持评价行为的客观性。目前,我国大学生网络素养教育评价机制还不完善。教育评价组织通常是教育部直接领导或委托相关教育评估机构,以及高校内相关的部门,如学生处、宣传部等。这些评价组织既是大学生网络素养教育工作的领导者,也是评价活动的实施者和监督者。出卷人、答卷人和阅卷人多种身份的叠加,使评价主体比较单一,也导致评价过程和评价结果缺乏客观性。

其次,评价组织需不断提高自身的权威性。网络素养教育评价涉及的专业领域比较多,包括教育学、管理学、心理学、传播学等多个学科的理论知识,评价形式的选择以及评价程序的设置也具有一定的复杂性和专业性。因此,在评价组织建设的过程中,要严格按照评价体系和评价标准进行评价,还需要引入同行评价,汲取领域专家学者的智慧,切实提高评价组织的权威性。

最后,评价组织应强化自身的服务性。开展评价工作的目的在于促进大学生网络素养教育质量的提升，体现了评价组织的服务性。评价组织中的专家长期从事网络素养教育相关工作，在评价过程中可以提出具有针对性的意见和建议，服务于主管部门的工作决策部署，为教育主体开展教育活动提供指导和参考。

2）建立健全大学生网络素养教育评价队伍

2021年3月，教育部等六部门关于印发《义务教育质量评价指南》，要求各地要组建高水平、相对稳定的质量评价队伍，评价人员在教育法律法规和政策、教育教学、学校管理、督导评价等方面应具有较高理论素养、专业能力和丰富经验[①]。随着网络环境日益复杂化，以及网络素养教育快速发展的要求，建立一支精通大学生网络素养教育的内容和要求、熟悉评价体系和指标、掌握科学评价方法的专业队伍，成为建立大学生网络素养教育长效评估机制的人才保障。

首先，评价队伍的构成需要综合考虑评价的专业性和指导性。评价队伍中应该包括教育评估和教育咨询的专业人员，他们具备先进的评价理念，熟悉教育评价的相关理论，能够正确解读和运用评价结果，推动教学质量改进，充分发挥教育评估的指导性作用。

其次，评价队伍的建设需要一套科学化的培训体系。通过培训，切实提高评价者的思想认识和工作能力，加强其对教育评估内容的理解和各项评价标准的掌握，引导评价者在实际评价过程中严格遵守各项评价规则，基于客观事实进行科学、公正的评价。

最后，要注重评价队伍建设的可持续发展。目前我国高校大学生网络素养教育专业评价人员数量较少，且多数为兼职。为了满足队伍建设和发展的要求，一方面可以从现有的从事大学生网络素养教育和评价的人员中选拔一批适合长期从事专业性评价工作的人员，通过组织系统的培训，使队伍整体的素质能力能够满足评价工作的短期需求；另一方面，可以在一些具

---

① 教育部等六部门关于印发《义务教育质量评价指南》的通知[EB/OL].(2021-03-18)[2022-09-20]. http://www.gov.cn/zhengce/zhengceku/2021-03/18/content_5593750.htm.

备条件的高校开设教育评价相关专业,通过专业培养和工作实践相结合的方式,培养网络素养教育评价的专业人才,从根本上为评价队伍的可持续发展提供保障。

　　3) 建立健全大学生网络素养教育评价制度

　　大学生网络素养教育评价体系的构建,在提升大学生网络素养教育质量、促进大学生网络素养教育科学决策、保证大学生网络素养教育科学发展等方面起到了重要作用。在实际工作中能否充分发挥这些作用,从根本上取决于是否具有一套健全的评价制度。

　　一是完善的保障制度。大学生网络素养教育具有独特的发展规律,要想把评价工作真正落到实处,需要不断分析教育发展现状,总结教育发展规律,完善教育评价体系,保证评价的科学性和可靠性。在这一过程中,需要制定完备的保障制度,从人力、物力和财力等方面保证评价工作的长期顺利开展。在人力保障方面,需要配备一定数量具有丰富经验的专家学者,针对大学生网络素养教育的基本规律持续开展研究,制定符合发展规律的评价体系。同时,还需要培养一支具备理论基础和实践经验的评估队伍,保证评估工作的日常开展。在物力和财力保障方面,要求评价队伍必须掌握更为先进的评价方法和评价工具,才能更科学地对教育工作的方方面面进行评价。而这些工具的应用和评价组织的运行、培训以及日常工作都需要一定的物力和财力支持。大学生网络素养教育评价机制的构建,首先是要建立完善的保障机制。

　　二是迭代的评价制度。大学生网络素养教育评价要充分发挥指导作用,就必须将其作为网络素养教育的重要组成部分,使其真正成为网络素养教育中不可或缺的一个关键环节。评价工作的迭代性是由大学生网络素养教育的特征和目标决定的。大学生网络素养教育的对象是大学生,他们的群体特征会随着时代的发展而不断变化。这些变化客观上要求大学生网络素养教育的方法和内容也要随之不断更新和完善。大学生网络素养教育的目标不是一蹴而就的,而是通过评价、发现问题、解决问题、再评价的螺旋上升过程来实现。这就要求评价主体定期开展大学生网络素养教育评价工作,检验上一阶段的教育成果,针对存在的问题提出意见和建议,并在下一次的评价中检验整改效果。定期开展评价工作,也会充分发挥评价的监督和激励作用,督促网络素养教育的有序开展,促进教育质量的提升。

三是长期的监管制度。大学生网络素养教育评价是一项综合性、系统性的工程。为了确保其长期稳定运行,必须建立一套科学合理的监督管理制度。在评价过程中,要对评价主体和评价方式进行监督,检查评价主体是否严格落实上级主管部门的工作部署,按照评价的具体要求,客观、公正地落实评价工作。在评价结束后,针对评价过程中所反映出的评价对象存在的问题,评价主体要及时给出整改意见,并对这些问题的后续解决情况进行持续监督,推进评价工作的长期良性发展。

索引
INDEXES

后记
POSTSCRIPT

近年来,大学生网络素养教育成为学界较为关注的问题,相关研究不断深入。在此背景下,受教育部"高校思想政治工作中青年骨干队伍建设项目"支持,我牵头编著的《大学生网络素养教育》一书正式出版了。

《大学生网络素养教育》一书由我负责全书策划和框架设计。经课题组研讨和准备,编著工作于2019年9月正式启动,编著组成员包括叶定剑、车易赢、管逊宝、陈帅、姚又华、冯沸、王文章、谢培文、田辉。其间,张碧菱、高杏、李智、李魏、田怡萌、陆小凡、梁钦、张羽慧、张奕民等教师参与了部分内容的准备工作。在本书的编写过程中,除经典著作及参与人员的研究成果外,还参考了大量专家学者的研究成果,对此深表感谢!本书在每个章节列出了主要参考文献,由于时间有限、工作量较大,难免会有遗漏之处,恳请相关专家学者批评指正。

本书力求对大学生网络素养教育内涵概念、研究现状、影响因素、评价方法、教育路径等进行系统阐述,由于研究内容较为丰富,加之篇幅有限,一些观点还有待进一步深入研究探讨。对于本书的不足,我们将于今后的修订版本中逐渐完善,我们也诚恳地希望各位专家、读者提出宝贵的意见和建议。

林立涛

2023年1月